彩图 3-9 美早

彩图 3-10 甘红

彩图 3-11 拉宾斯

彩图 3-12 晚红珠

彩图 3-13 巨红

彩图 3-14 萨米特

彩图 3-15 先锋

彩图 3-16 晚蜜

彩图 3-17 本溪山樱

彩图 3-18 马哈利

彩图 7-1 杀虫灯

彩图 7-2 药害

彩图 7-3 细菌性穿孔病

彩图 7-4 穿孔性褐斑病

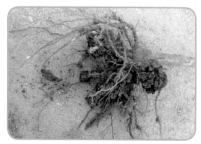

彩图 7-5 根癌病

彩图 7-6 流胶病

彩图 7-7 灰霉病

彩图 7-8 病毒病（一）

彩图 7-9 病毒病（二）

彩图 7-10 二斑叶螨为害状（结网）

彩图 7-11 桑白蚧

彩图 7-12 樱桃果蝇为害状

彩图 7-13 刺蛾幼虫为害状

彩图 7-14 金龟子幼虫(蛴螬)

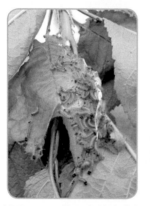

彩图7-15 美国白蛾为害状　彩图 7-16 梨小食心虫　彩图7-17 梨小食心虫为害状

彩图 7-18 红颈天牛为害状

彩图 9-1 拉宾斯结果状

彩图 9-2 先锋结果状

宗绪和　刘　坤　主编

田光辉　副主编

大樱桃

简化省工栽培技术

化学工业出版社

·北京·

本书简要阐述了大樱桃栽培现状及大樱桃简化省工栽培技术推广的重要性，重点阐述了大樱桃简化省工栽培的各项关键技术，内容包括：大樱桃的生物学特性、建园、土肥水管理技术、简化省工整形修剪技术、简化省工花果管理技术、病虫害综合防治技术、矮化密植省工高效栽培技术及大樱桃棚（室）简化省工栽培技术等。

本书理论联系实际，通俗易懂，可操作性强。可供广大果树科技推广工作者、大樱桃种植者、专业种植合作社、果树企业管理及技术人员、农业院校相关专业师生等阅读参考，也可作为新型职业农民培训教材。

图书在版编目（CIP）数据

大樱桃简化省工栽培技术 / 宗绪和，刘坤主编 . —北京：化学工业出版社，2019.7（2024.7 重印）
ISBN 978-7-122-34282-9

Ⅰ.①大… Ⅱ.①宗…②刘… Ⅲ.①樱桃-果树园艺 Ⅳ.①S662.5

中国版本图书馆 CIP 数据核字（2019）第 067865 号

责任编辑：张林爽　　　　　　　　　文字编辑：汲永臻
责任校对：王鹏飞　　　　　　　　　装帧设计：史利平

出版发行：化学工业出版社（北京市东城区青年湖南街 13 号
　　　　　邮政编码 100011）
印　　装：北京盛通数码印刷有限公司
880mm×1230mm　1/32　印张 7　彩插 2　字数 179 千字
2024 年 7 月北京第 1 版第 5 次印刷

购书咨询：010-64518888　　　　　售后服务：010-64518899
网　　址：http://www.cip.com.cn
凡购买本书，如有缺损质量问题，本社销售中心负责调换。

定　　价：39.80 元　　　　　　　　　　版权所有　违者必究

《大樱桃简化省工栽培技术》
编写人员名单

主　编　宗绪和　刘　坤

副主编　田光辉

编写人员　宗绪和　刘　坤　田光辉　李兴超　孙丽梅

　　　　　曲静艳　王　岩　才　丰　范庆库

前言
Preface

大樱桃种植是高效益种植业，但大樱桃生产又是劳动、技术密集型产业，需要大量的人力、物力和财力。目前，从事大樱桃生产的劳动力越来越少，而且趋于老龄化，劳动力成本不断升高，生产成本也呈快速提升趋势，严重影响产业的可持续发展，如何减少劳动量、降低生产成本，即推广简化省工栽培技术势在必行。

笔者在试验研究、生产实践的基础上，理论联系实际，总结出大樱桃简化省工生产经验，并编写此书，以期为种植者提供帮助。目的是指导种植者，在遵循大樱桃生长发育规律的前提下，在精练的生产程序中，降低生产成本，实现效益的最大化。

本书从大樱桃的生物学特性、建园、土肥水管理技术、简化省工整形修剪技术、简化省工花果管理技术、病虫害综合防治技术、矮化密植省工高效栽培技术及大樱桃棚（室）简化省工栽培技术等方面，对大樱桃简化省工栽培进行阐述，通俗易懂，可操作性强。

在目前的生产环境下，简化省工栽培技术的推广应用还需要进行更深入的探索和不断完善，书中难免有不足之处，敬请广大读者批评指正。

编者

2019 年 3 月

目录

Contents

第五章 ▶ 简化省工整形修剪技术　　91

第一章

概述

一、简化省工栽培的概念及意义

（一）简化省工栽培的概念

简化省工栽培是指通过合理分配各个生产环节的劳动力投入，并将其贯穿于大樱桃的整个生产过程，形成一套简易的生产体系，达到控制和减少劳动力投入的目的，最终实现早产、早丰、优质、提高生产率的目的。

（二）简化省工栽培的意义

大樱桃生产是劳动、技术密集型产业，同时也是复杂的综合管理技术，需要大量的人力、物力和财力。近年来，随着劳动力成本的不断升高，其生产成本也呈快速提升趋势，投入产出比下降，经济效益下滑，甚至个别地区的樱桃园因劳动力紧缺出现撂荒和弃管现象，浪费土地资源，影响产业的可持续发展。因此，在保持产量和质量的前提下，采用简化省工栽培措施已是势在必行，也是减少生产成本和增加果农经济收入的最有效途径。

二、大樱桃的生产现状、存在问题与发展前景

（一）大樱桃的生产现状

大樱桃最早于 1871 年引入我国烟台，迄今已有 140 多年的历史。

但很长时间以来，大樱桃没有进入生产栽培模式，多在庭院和城市郊区零星种植，直到 20 世纪 70 ～ 80 年代才开始较大面积栽植，主要分布在辽东半岛、胶东半岛的环渤海湾地区。由于较大的市场潜力和较高的经济效益，进入 20 世纪 90 年代后，大樱桃生产在我国有了突飞猛进的发展，栽培面积快速增加，优良品种、栽培技术不断更新，产销两旺。大樱桃种植已成为主产区高效种植业。

1. 栽培区域不断扩大

随着大樱桃品种的不断更新、栽培技术的不断改进，"樱桃好吃树难栽"的时代已成为历史。我国南到云南、北到黑龙江、东至辽宁、西至新疆均有大樱桃栽培。最集中栽培的地区为山东烟台和辽宁大连地区。

目前，我国大樱桃栽培区基本上可划分为以下几个区域，即环渤海湾地区、陇海铁路沿线地区、西南高海拔地区和分散栽培地区。

环渤海湾地区包括山东、辽宁、河北、北京、天津，是我国大樱桃栽培最早、面积最大、产量最多的地区，对我国大樱桃的生产发展具有带动作用。

陇海铁路沿线地区包括江苏、河南、安徽、陕西、甘肃等地。早熟和交通便利是该地区发展大樱桃的两大优势，虽然起步晚，但是大樱桃种植业呈加速发展态势。

西南高海拔地区包括四川和云南，年日照时数在 2000 小时以上，既能满足大樱桃休眠时低温和需冷量的要求，又不发生冻害。由于光照充足、昼夜温差大，果实品质好，卖价高。汶川露地大樱桃产地价格达到 60 ～ 80 元 / 千克。

分散栽培地区包括南疆露地栽培区和辽宁北部、黑龙江、吉林、宁夏等寒冷保护地栽培区。

2. 栽培品种不断更新、多样化

我国引入大樱桃栽培后，很长时期内仅有那翁、大紫、滨库、黄玉等几个古老品种，果个小、品质差、不耐储运，主要靠地产地销。大连市农业科学研究院成功培育了红灯、佳红、巨红、明珠、晚红珠、丽珠、泰珠等优良品种，不仅填补了我国樱桃育种的空白，而且增加了我国的品种资源，并得到大力推广，提高了产量和经济效益。同时，各地从国外引种工作也取得了很大成果，先后从美国、加拿大、意大利、日本、俄罗斯等国引进了美早、雷尼、拉宾斯、萨米特、先锋、红手球、红南阳、俄罗斯8号等品种，极大地丰富了我国大樱桃的品种构成。另外，国内开展了芽变选种工作，甘红、甘露、晚蜜等优系芽变品种，在生产中发挥着较大的增产、提质、增效作用。

3. 栽培管理技术不断完善

"樱桃好吃树难栽"，此话不无道理。樱桃树难栽培的主要原因有砧木抗性和亲和力差，受气候影响坐果率、产量均低，裂果、病虫害严重，烂根、死树、鸟害等诸多因素。随着产业的发展，技术水平的提高，生产中的技术难题逐步被攻克，得到相应的解决办法。由稀植大冠向矮化密植转变，冬剪为主转变为夏剪为主、台式栽培、水肥一体化、平衡施肥技术、病虫害综合防治、防雨栽培、化控技术应用、保护地反季生产等综合配套技术得到广泛应用。变粗放管理为标准化、模式化栽培。

4. 产量、质量提高，经济效益不断增加

随着人们生活水平的提高，大樱桃因其亮丽的外观、甜美的风味、丰富的营养和老少皆宜的口感，备受人们的喜爱和青睐，素有"贵族水果"和"果中珍品"之称。售价由20世纪90年代初的5～10元/千克增至目前20～40元/千克甚至更高，产量由平均亩（1亩≈667平方米）产400～500千克增至目前的800～1500千克。以近年价格计算，露地生产平均亩产值1.5万～2万元，高者达3万元以上；温室生产亩产值8万～12万元，高者达20万元。广大种植者获得了高额的经济收益，被称之为"黄金产业"。

5. 设施栽培及保鲜技术趋于成熟，鲜果周年供应

设施栽培技术解决了大樱桃反季生产问题，尤其是营养箱栽植、强制休眠等技术的完善，可实现一年多茬次生产。低温冷藏、气调储藏、减压储藏技术研究成果使大樱桃储藏期达到 40 ~ 60 天。据旅顺农业中心试验，减压储藏的大樱桃最长储藏期达到 105 天，果面饱满，果柄翠绿，风味基本不变，货架期达到 4 ~ 5 天。这些技术的研究与应用，使大樱桃鲜果已不再是 6 月份水果市场的专有品种。春节前后，进口的鲜果即可在市场上见到；早春 3 ~ 4 月，我国自产的温室樱桃上市；5 ~ 7 月，露地生产鲜果大量成熟，进入供应高峰期；8 ~ 10 月，储藏保鲜的大樱桃陆续出库上市，人们仍可品尝到新鲜美味的大樱桃。供应链被拉长，大樱桃基本上实现周年供应。

（二）大樱桃生产存在的问题

1. 部分品种老化，结构不合理

国外当前生产的大樱桃以果肉硬度大、抗裂果、深红色、平均单果重 9 克以上的中晚熟品种为主，搭配少量浅色品种。而我国 20 世纪 90 年代栽植的大樱桃主要以红灯、水晶、黄玉等早熟品种为主，并且由于苗木紧张、品种混杂、中晚熟品种较少，导致收获期集中，价格偏低，甚至出现短期过剩现象，栽培效益受到一定影响。因此，大樱桃早、中、晚熟优良品种合理搭配，按不同地域选择品种，错峰上市，已成为我国大樱桃生产中急需解决的问题。

2. 建园标准低，质量差

部分地区新建樱桃园缺乏规划，包括整地、水、电、路、防风林等基础条件不完善，给后期管理带来诸多不便，同时苗木市场不规范、品种混杂，栽植密度不合理，授粉品种搭配不当，导致新建园整齐度差。

3. 病毒病严重，乱用生长调节剂

病毒病的发生率近几年呈上升趋势，已有记载的樱桃病毒达 40 多种，其中李矮缩病毒、李属坏死环斑病毒、小果病毒、樱桃锉叶病毒、樱桃卷叶病毒等发生较多，究其原因，一是繁殖材料带毒，苗木未经检疫即出圃和调运；二是传播途径未得到有效控制，包括修剪、害虫防治等过程传毒；三是发现中心病株未及时处理，导致病毒病扩散蔓延，不仅影响樱桃树生长结果，而且有毁园的危险。

生长调节剂的不正确使用，尤其是激素类产品滥用，导致樱桃树生长失调，果实变形，无种子，树体未老先衰，经济效益期大大缩短，农产品质量安全得不到保障。

4. 管理技术不高，产量、质量、效益低下

一些新发展区域，未掌握早产、早丰、优质栽培技术措施。树体开始结果晚，5～7 年才结果，8～10 年才见效益，分析原因，主要是投入不足、管理粗放、不按大樱桃生长结果习性管理。授粉品种搭配不当是造成低产的主要原因。另外，园址选择不当，低温、冻害、大风、阴雨等不良气候条件，也容易造成坐果不良。整形修剪忽轻忽重，树冠郁闭，通风透光不良。枝条光秃带加长，花芽形成少且质量差，结果部位外移。片面追求产量，负载量大，果个小，品质差。不按需肥规律特点施肥，有机肥投入不足，大量施用化学肥料，导致土壤板结、酸化、碱化或盐渍化。施入未经腐熟的农家肥造成死根、烧根，地下害虫严重，甚至死树现象时有发生。不能做到平衡施肥，树体旺长或早衰，经济效益期到来晚且持续时间短。避雨栽培技术得不到推广，裂果现象严重，有些年份有产无收。

5. 储藏保鲜技术落后，制约产业发展

大樱桃为时鲜水果，储藏和货架期较短，不耐储运。目前产品的成熟期相对集中，常常出现市场上短期过剩现象，而我国大樱桃保鲜

技术滞后，深加工能力不强，冷链运输能力差，远销、外销得不到保障，一定程度上挫伤了果农的生产积极性，制约了大樱桃产业发展。

6. 市场营销体系不完善

目前我国大樱桃生产仍以千家万户小规模生产为主，而面对的是千变万化的大市场，流通方式主要是农户自产自销和客商产地收购，生产者不能及时了解市场信息，供需矛盾没有得到很好解决，产品价格大起大落、波动大，没有形成完整、稳定的市场体系，制约了产业的发展。

7. 劳动力缺乏

目前，从事生产作业的劳动力越来越少，并趋于老龄化。简化省工栽培是节省劳动力并适应劳动力老龄化的必要措施。

（三）大樱桃产业的发展前景

虽然樱桃产业发展较快，但其所占果树栽培面积和产量份额还很小，不能满足日益增长的消费需求。首先，我国大樱桃的适栽区域有限，很多地区无法种植大樱桃，当地人要想吃到鲜美的大樱桃只有靠从产地调运，国内市场潜力巨大。其次，我国的大樱桃出口几乎为零。另外，大樱桃鲜果的高价致使我国的大樱桃加工量很少，根本无法批量生产。由此可见，近期我国的大樱桃生产仍处于供不应求的状态。无论是国内市场还是国际市场，对优质产品的需求是一致的，并且需要优质产品在生产、包装、运输和销售之间形成有机的链接。因此，我国大樱桃产业的发展还可以带动相关产业的共同发展。

三、大樱桃简化省工栽培技术推广的必要性及措施

大樱桃简化省工栽培，是通过新的科学技术措施的应用，减少大樱桃生产过程中劳动力的投入，提高劳动效率，增加效益。简化省工栽培技术措施贯穿于生产的全过程，包括选择优质、高产的优良品种

及矮化砧木，培育优质苗木标准化建园，选择适宜的树形，采用简化的整形修剪技术，化学调控，促花保果，增大果个，促进着色，提高果品质量，省工高效的土肥水管理技术，病虫害综合防治等方面。

简化省工栽培的途径涉及产业的各个方面，主要包括：①合理规划，优化品种结构，选择优良主栽品种，搭配好授粉品种，为结果期提高坐果率打下良好基础；②加强水、电、路等基础设施建设，利于各种作业，减少劳动力投入；③制定良好的土壤耕作制度，采用果园生草，改善果园环境，提高土壤肥力，减少土壤耕作用工、肥料投入和农药的施用量；④采用滴灌、喷灌、渗灌等节水灌溉技术，节约用水，水肥并施，减少用工量；⑤选择矮化砧木，简化树形，采用简化修剪技术，有利于树体管理及各项操作，提高劳动效率；⑥宽行密植，有利于机械化作业，减少劳动量；⑦精准施肥，通过土壤、叶片营养诊断分析进行科学配方施肥，提高肥料利用率；⑧采取农业、物理、生物、化学等综合措施防治病虫害，减少农药使用频率和强度。

第二章

大樱桃的生物学特性

一、大樱桃的生长、结果习性

（一）树体（图 2-1、图 2-2）

　　大樱桃生长强旺，树势健壮，干性强，层性明显，是典型的高大乔木，树冠呈自然圆头形或半圆形。在原产地，树高可达 30 米以上，树干直径可达 60 厘米以上。在我国山东烟台和辽宁大连，树高可达 7 米，冠径 5 ～ 6 米甚至更大。通过采取矮化密植、整形修剪的方式，可将树高控制在 3 米左右，冠幅 4 米，适于集约化栽培。

图 2-1　树体

图 2-2　树体开花状

由于大樱桃主要采取嫁接方式繁殖，幼苗的接穗部分在生理上早已成熟，通常将大樱桃分为幼树期、结果期和衰老期三个生长阶段。

1. 幼树期

幼树期通常是指从苗木定植到开花结果的这段时期。大樱桃的幼树期过去通常为 5～7 年，现在通过采用新的栽培技术，可缩短至 3～5 年。幼树期的大樱桃植株生长发育极为旺盛，树冠和根系迅速扩大。叶片大而密集，枝条长而粗，枝梢一年中可两次甚至多次生长，不能正常落叶进入休眠期，组织往往不充实，易发生越冬抽条现象。幼树期一定要给予高水平的肥水管理，使植株尽快建成骨架，为早结果打下良好基础。同时要科学合理地使用生长调节物质，使枝梢及时停长，多积累养分，严防越冬抽条。

2. 结果期

结果期又可分为结果初期、结果盛期和结果末期三个阶段。

（1）结果初期　结果初期是从植株开始结果到大量结果前的一段时期。这一时期，大樱桃植株生长势依然十分强旺，枝条生长量大，树冠扩大得很快，分枝增多，继续形成树体骨架，根系继续扩展，出现大量水平根和细根。结果初期，大樱桃的结果部位主要是大的骨干枝中、前部 2～3 年生部位发出的结果枝，中长果枝的比例较高。之后，从这一部位向梢部和基部渐次增加结果枝数量，当骨干枝全长的 2/3 开始挂果结果时，植株即进入结果盛期。传统上大樱桃的结果初期在 5～7 年生时开始，现在通过系列配套早丰技术，使之缩短至 3～5 年。

结果初期，除了加强土肥水管理、保证树体良好生长发育外，还要注意夏季修剪，综合运用拉枝、刻芽、扭梢、剪梢、摘心、短截技术，既要培养良好的骨架和结果枝组，又要保证尽可能多地形成花芽，为早日进入结果盛期做好准备。

（2）结果盛期　结果盛期指大樱桃植株进入大量结果、达到最高产量并维持较高收益的一段时期。结果盛期的大樱桃植株无论是树冠还是根系，均已扩大到最大限度，骨干枝数目稳定，延长生长逐渐减少，分枝减少，各级骨干枝延长头也易转化为结果枝。花芽分化容易，花量大，坐果多，产量效益达到最高。结果盛期维持时间的长短与栽培管理密切相关。生产实际中，要加强肥水管理，及时回缩更新结果枝组，保持树势中庸健壮，尽可能延长结果盛期。

（3）结果末期　结果末期是指植株从高产、稳产到产量开始较明显下降的一段时间。结果末期的大樱桃植株新梢生长量明显减小，几乎所有新梢都转化为结果枝，坐果率开始下降，果实整齐度下降，品质变劣。结果末期的大樱桃植株，在采取强化土肥水管理、细致更新修剪、复壮结果枝组和大枝等措施的前提下，可在一定程度上恢复树势，重新达到丰产、稳产、优质，但肥水管理则要求较高。

3. 衰老期

衰老期是树体生命活动逐渐衰退直到死亡的时期，指从产量明显降低直到不能正常结果的这一段时间。衰老期的大樱桃植株，树冠和根系大的骨干部分开始死亡，小枝、细根大量死亡，树体生长发育势力渐至衰弱，树体变小，对肥水不敏感，更新修剪效果不明显，植株完全失去栽培价值。

（二）根

1. 根系的特性

大樱桃的根系与砧木类型有关，按其来源可以分为实生根系、茎源根系和根蘖根系。

（1）实生根系　实生根系是指由种子的胚根发育而来的根系，即播种培育砧木再嫁接大樱桃品种获得的苗木。实生根系一般主根发达，根系分布深广，生命力强，抗逆性强，但个体间往往有差别，易造成树体大小不一。大樱桃砧木中的本溪山樱桃、中国草樱、马哈利樱桃等多采取种子繁殖，用这些砧木嫁接获得的苗木即具有实生根系。

（2）茎源根系　茎源根系是指通过扦插、压条、组织培养获得砧木再嫁接大樱桃品种获得的苗木所具有的根系。茎源根系是由茎上的不定根发育而来的，一般主根不发达或者根本就没有主根，分布较浅，细根多，生命力较弱，对环境条件的适应性不如实生根系。但由于砧木是采用无性繁殖，来源于同一个母本，个体间差异较小，建园后植株生长发育整齐。大樱桃砧木中的大青叶多为压条繁殖，中国草樱亦可压条，考特、吉塞拉等则常采取组织培养和扦插法繁殖，嫁接品种后成的苗即具有茎源根系。

（3）根蘖根系　根段上或根颈附近的不定芽萌发长成根蘖苗，其根系即为根蘖根系。根蘖根系的特点类似于茎源根系，但往往不对称。利用根蘖苗砧木时，最好归圃一年。大樱桃砧木中的中国草樱常采取根蘖苗分株繁殖的方式，嫁接大樱桃品种后的苗木即具有根蘖根系。

2. 根系的生长发育特点

大樱桃根系的生长发育特点与砧木类型、土壤条件和栽培管理有关。在用中国樱桃作砧木时须根最发达，在土壤中的分布浅，但水平伸展范围很广，如在冲积性壤土上根系集中分布在 5 ～ 35 厘米的土层中。以其作砧木嫁接的 20 多年生大樱桃水平根伸长达 11 米，远远超过树冠投影范围。马哈利樱桃主根特别发达，幼树时须根亦较多。随植株生长，根系下扎入土较深，须根大量死亡，植株生长势明显下降，进入盛果期易发生死树现象。本溪山樱桃根系较发达，粗细根比例较合适，但对黏重、瘠薄土壤适应性差，不抗涝。

同一种砧木，在不同土壤条件和土肥水管理条件下，根系的分布范围、根类组成和抗逆性均明显不同。一般，在土层深厚、疏松肥沃、透气性好、管理水平较高的情况下，根系发达，分布广而功能强。平面台式栽培条件下大樱桃的根系即是如此。

（三）叶

1. 叶片的特点

大樱桃的叶片有长椭圆形、长圆形、卵圆形等，浓绿有光泽。叶基腺体大而明显、色泽常与果实色泽相关。与一般落叶果树相比，大樱桃叶片较大，纵长多数在 14 厘米左右，最长可达 20 厘米以上，横宽 7～8 厘米。大樱桃叶片也比较密集，远看呈"鸡毛掸子"状，极易分辨。大樱桃叶片的这些特点使其适于进行追肥。

2. 叶片的生长发育特性

随着萌芽，叶片逐渐展开，同一片叶从伸出芽外至展至最大需 7 天左右的时间。叶片展到最大以后功能并未达到最强，此时从外观上看叶片比较柔嫩、叶薄，色嫩绿至浅绿，叶肉结构尚不完善。随后叶绿素含量增加，叶表的角质层和蜡质层也逐渐发育完善，叶片从外观上看颜色变深绿且富有光泽、较厚、有弹性，功能逐渐达到最强，称为"亮叶期"或"转色期"。之后，至落叶前，若无病虫为害，叶片的功能可在数月的时间里保持稳定的较高水平，利于植株的光合养分积累。新梢先端 1～3 片叶转色快、叶厚且光亮、弹性好，说明植株养分供应充足且均衡。若转色过快，且叶色过于深绿，叶小而硬脆，缺乏弹性，往往是氮素缺乏的表现。相反，若新梢先端 1～3 片叶转色进程较缓慢，叶大色浅，薄而软，无弹性，则往往是氮肥过多、植株碳素营养水平低下的表现，这样的树往往不易形成花芽，植株旺长，产量低。

大樱桃园群体叶面积的增长是随各类枝条的生长而进行的，每一类枝停长时，均有一次叶面积稳定建成时期。大樱桃丰产园的叶面积指数在 2～2.6 为宜。叶面积指数过高，通风透光条件差，树冠内膛和下部出现"寄生叶"，小枝易枯死，造成内膛光秃。叶面积指数过低，果园群体光合面积不够，难以获高产。

　　大樱桃落叶在霜打后开始。生长中庸健壮树上的叶，尤其中短枝和叶丛枝上的叶经 1 ～ 2 次霜后可以正常脱落，养分回流。而强旺枝上的叶，经几次霜后亦不能正常脱落，往往冻干在枝上，风吹方可脱落，有时是风吹断叶柄、叶片脱落而叶柄尚附着在枝上，深冬至冬末春初方脱落，这样的叶片养分回流不充分，这类枝易发生越冬抽条现象。

（四）芽

1. 芽的种类

　　按照着生位置分，大樱桃的芽可以分为顶芽、侧芽（腋芽）。顶芽是位于枝条顶端的芽，侧芽是叶腋中的芽。按照抽枝、展叶和开花结果状况划分，大樱桃的芽可以分为叶芽和花芽。叶芽较瘦长，呈圆锥形到宽圆锥形，所有种类枝条的顶芽、发育枝的腋芽以及长中果枝和混合枝的中上部侧芽均是叶芽。花芽饱满，中间鼓胀，萌发后开花结果。花束状果枝、短果枝和中果枝的所有明显膨大的侧芽、长果枝和混合枝基部的数个侧芽通常为花芽。

　　另外，大樱桃还具有一类肉眼不易见到的芽——潜伏芽，它是由副芽或芽鳞、过渡叶叶腋中的瘦芽发育而来，是侧芽的一种。

2. 芽的生长发育特性

　　大樱桃的芽多离生，且为单生芽。每个叶腋只有一个明显主芽，副芽不发达，因此在苗木储运、田间管理过程中要注意不要碰落，以免发生枝条光秃。大樱桃的萌芽力较强，一年生枝上的芽，除基部几个发育较差外几乎全部萌发，易生成一串短枝，是结果的基础。有些品种的幼旺树芽具有早熟性，当年可萌发形成副梢，这类品种易早丰产。

　　大樱桃的花芽为纯花芽。开花结果后，着生花芽的节位即光秃，不再抽生枝条。所以，在先端叶芽抽枝延伸生长过程中，枝条后部和树冠内膛容易发生光秃，造成结果部位外移，尤其生长强旺、拉枝不到位的树更是如此。

大樱桃的潜伏芽形体很小，发育程度差，在形成的当年和以后几年也不萌发，呈潜伏状态。当营养条件改善或受到强烈刺激如重回缩时，才萌发抽枝。潜伏芽抽生的枝条多生长强旺，呈徒长特性，它是骨干枝和树冠更新的基础，应当加以保护。潜伏芽的寿命与树种和营养条件有关，大樱桃潜伏芽寿命在樱桃属果树中是最长的，可达10～20年。营养条件好，树体健壮时，潜伏芽的寿命长，萌发抽枝后生长势力强旺。

（五）枝

1. 生长枝和结果枝

生长枝形成树冠骨架和增加结果枝的数量，其中前部的芽抽枝展叶，扩大树冠，中后部的芽则抽生短枝和形成结果枝。但结果枝的顶芽既可连续抽生结果枝，也可萌发生长为生长枝，大樱桃的结果枝依长度和花芽着生程度可分为五大类：混合枝、长果枝、中果枝、短果枝和花束状果枝。

混合枝长度在30厘米以上，除基部几个芽为花芽外，其余芽全是叶芽，这类枝主要存在于初结果树和树势强旺的成龄树上，其抽枝能力仍较强，先端数芽可以抽生生长枝、混合枝以及长、中果枝。

长果枝长度为15～30厘米，除顶芽和枝条先端少数几个侧芽为叶芽外，其余侧芽皆为花芽。大樱桃的初结果期，长果枝比例较高，长果枝的顶芽继续延伸，可抽生长果枝、中果枝，附近的几个侧芽易抽生中、短果枝，有些品种长果枝的比例高，结果枝每年延伸较长，结果枝组不紧凑，树冠呈疏散状，如大紫。

中果枝长度为5～15厘米，除顶芽为叶芽外，侧芽全部为花芽。

短果枝长度在5厘米左右，除顶芽为叶芽外，侧芽全部为花芽。短果枝量大势壮，是植株健壮丰产的保证。短果枝上的花芽一般发育质量较好，坐果率高。

花束状果枝长度为 1 ～ 1.5 厘米，年生长量有限，顶芽仍为叶芽，侧芽全部为花芽，簇生密集。通常情况下，每年顶芽向前延伸仍形成花束状果枝，连续结果能力极强，像那翁、红灯这类结果枝比例较高。花束状结果枝的寿命很长，在良好的土肥水管理条件下，那翁的花束状果枝可连续结果 20 年以上。以花束状果枝结果的品种枝组紧凑，结果部位外移缓慢，产量高而稳定。

大樱桃生长枝和结果枝之间以及不同类型的结果枝之间可在一定条件下转化，通过良好的土肥水管理和修剪可以加以调节，这也是保持树势中庸健壮、旺树缓和树势、弱树恢复生长势的基础，生产实际中应加以重视。

2. 枝条的生长发育特性

大樱桃叶芽萌动一般比花芽晚 5 ～ 7 天，叶芽萌发后，有一短暂的新梢生长期，历时 1 周左右，展叶 4 ～ 5 片，形成一莲座状叶片密集的短节间新梢。进入花期后，新梢生长极为缓慢，短果枝和花束状果枝此期即封顶，不再生长。花期以后，新梢进入旺盛的春梢生长阶段。

在大樱桃幼旺树上，春梢生长一直延续至 6 月底 7 月初。7 月中旬前后，秋梢开始生长。有些是春梢封顶停长后顶芽重又萌发生长，春秋梢间有盲节；有些则是春梢经过一段短暂的缓长后又开始旺长，春秋梢间有一段过渡。这样的新梢往往生长势极强，直到晚秋也不停长，若不及时进行人工控制，易发生越冬抽条现象。

大樱桃旺盛新梢的生长势远较其他核果类果树强旺，幼旺树剪口枝当年抽生新梢生长可达 2.5 米以上，若在开春莲座期摘心，萌发的副梢仍可生长至近 2.0 米。这类强旺的树梢直到深秋仍在生长，最后叶片被霜打后方停止生长，但叶片难以正常脱落，养分回流差，枝条组织不充实，是发生越冬抽条现象的重要原因。

（六）花

大樱桃的花芽为纯花芽，每个花芽有 1～5 朵花，平均有 2.5 朵花，白色或粉白色。盛果期大樱桃树花芽和花朵的数量多。花为子房下位花，由花萼、花瓣、雌蕊、雄蕊和花柄组成。花序为伞房花序，每朵花有 5 枚花瓣和 40～42 枚雄蕊，每个花药有 6000～8000 粒花粉。花粉粒吸水膨胀成球形，发育不完全的花粉吸水后不膨胀。

一朵发育正常的花只有一个雌蕊，如果夏季高温干燥，第二年也会出现一朵花有 2～4 个雌蕊的现象。大樱桃会发生雌蕊退化、柱头和子房萎缩而不能结实的现象。有些品种花的雌蕊在花开前就已经柱头外露，此时也具有授粉活力。柱头在花开放 4 天之内授粉能力最强，5～6 天内仍有一定的授粉能力，7 天后授粉能力很低。

大樱桃开花数小时后释放出花粉。授粉可由蜜蜂、壁蜂或其他昆虫和风力来完成。花粉落到柱头上，只有具有亲和性的品种的花粉才能萌发，完成授粉、受精过程。

大樱桃的授粉、受精和胚胎发育过程受气候的影响较大。花期遇阴雨、大风、低温等不良天气，都能降低授粉率。花粉在 10℃时花粉管萌发缓慢，萌芽率低；在 14～23℃内发芽率高，发育良好；在 26℃以上发芽率降低，花粉管发育极短或失去活力。

大多数大樱桃品种自交不亲和或自交结实率低。世界各地大樱桃育种者都很注重自花结实品种的培育，目前已培育出一些自花结实的品种，但即使是自花结实品种，配置授粉品种也能获得更好的授粉效果。

（七）果实

大樱桃的花经过授粉和受精后，其子房发育成果实。大樱桃的果实由内果皮、中果皮和外果皮三部分组成。在果实发育的初期，内果皮是软的组织；到所谓硬核期，内果皮硬化成坚实的种壳，保护着种胚。中果皮发育成果肉，由薄壁细胞组成，是果实的可食部分，大樱桃果实的可食部分占果重的 78% ～ 93%，大大高于中国樱桃。

大樱桃果实的外表皮有许多气孔，果实成熟期遇阴雨天或雾天，空气中的水汽或雨水可通过果皮的气孔被吸进果实内，引起果实的膨大，当其膨压超过果皮的耐受力时，即发生裂果现象。大樱桃果实有两个生长高峰期，即落花后和果实着色期。在硬核期果实增大缓慢。

大樱桃的坐果率除与品种特性有关之外，还与树体的生理状态以及果枝的朝向、高度有关。树体衰弱或者营养生长过旺的树都会降低其坐果率，中庸树坐果率较高，是理想的树势。大樱桃树向南面的果枝坐果率最高，向东和向西的果枝次之，向北的果枝坐果率最低；内膛果枝的坐果率不如外围枝高；就一棵树不同高度的果枝而论，中上部的果枝坐果率最高，顶部的果枝次之，而最下部的果枝坐果率最低。果枝着生位置不同引起坐果率产生差异的原因是：枝条的光照条件不同，从而决定了它们合成营养物质的多或少；又因位置的不同，早春各个位点的温度和风力也有差异，从而影响了传粉昆虫采花的次数。

二、大樱桃树的物候期

果树每年都有与外界环境条件相适应的形态和生理机能的变化，生长发育呈现一定的规律性，这就是果树的年生长周期。这种与季节性气候变化相适应的果树器官的动态变化时期称为物候期。大樱桃属温带落叶果树，明显的物候期为生长期和休眠期。在两个时期转换之间都有一个较短的过渡期，过渡期虽然很短，但在生产上却很重要。

从春季发芽到秋季落叶为生长期，包括营养生长与生殖生长；从秋季落叶到翌年发芽为相对休眠期。从生长期过渡到越冬休眠，此时如果气候骤然变化，温度突然下降，树体没来得及适应，容易发生冻害。当春季树体度过休眠期开始萌动进入生长阶段时，如果突然遇到低温或者降霜、降雪，同样易受冻害。大樱桃最易发生枝条抽干、树干和根颈冻害、花芽死亡等现象。进入休眠期，受害部位的顺序依次是小枝、大枝、树干、根颈，而脱离休眠期后，则顺序相反。

（一）根系的生长

只要具备其所需要的条件，大樱桃根系全年均可以生长。春季土壤解冻后，根系首先开始萌动，在向地上部分输送营养的同时，新根开始生长。植株地上部分与地下部分旺盛生长时间一般相互错开，即新梢停止生长，新根生长量就逐渐增加，枝叶旺长期，新根生长相应减缓。

根系生长状况与外界环境和栽培技术有很大关系。干旱、涝灾、风灾、病害、虫害、土壤通气性差都是抑制新根生长、导致根系死亡的主要因素，因此，栽培管理上应注意改善土壤结构，加强水、肥管理，防治病虫害，为根系生长创造良好的条件。

（二）营养生长

大樱桃的营养生长，地上部分主要是指枝干、叶的生长，地下部分则是指根的生长。

叶芽萌动，在山东半岛从3月底至4月初开始，在辽南地区从4月中旬开始。叶芽萌动后有一个很短的新梢初生长期，大约7天。开花期间，营养生长很慢，一直到落花，新梢生长长度只有2厘米左右。当花谢后，春梢进入迅速生长期，一般幼树上，春梢迅速生长在6月底至7月初。盛果期的大树，春梢生长停止较早，一般在6月初就停止生长。随着春梢的迅速生长，叶片数量逐渐增多，树干相对增粗，树干增粗一般在春梢停止生长后较明显。

大樱桃幼树上的秋梢和二次枝、初果树上的秋梢以及结果大树上的潜伏芽抽生徒长枝，生长延续时间较长。如果在采果后，水、肥过多，特别是氮肥施用量过大，会使树体生长过旺，影响生殖器官的正常发育，造成只长树而不结果的后果。

（三）生殖生长

大樱桃的生殖器官，通常指花、果、枝（长果枝、中果枝、短果枝、花束状果枝）。花芽的形成，必须经过一段时间的分化。果实的生长发育、各类结果枝组的配备，都与营养生长密切相关。如果在开花坐果期营养不足或偏多，都会导致不坐果或者坐不住果。在花芽分化期，营养过剩会导致花芽分化过快，各个阶段分化不充分，子房发育不完全，形成无效花。营养不良同样影响花芽分化的质量，形成雌蕊败育花。因此，在大樱桃生长中，解决好营养生长与生殖生长的矛盾，使二者统一均衡生长，必须从修剪、水肥管理入手，采取相应办法，如采用施肥的方法，加强树上树下管理来调解生殖生长。

（四）花芽分化

大樱桃的花芽分化具有分化时间早、分化时期集中、分化过程迅速等特点。分化期大致分为 5 个阶段，即苞片形成期、花原基形成期、花萼分化期、花瓣形成期、雄蕊原基和雌蕊原基分化期。

大樱桃花芽分化时期的早晚、分化时期的长短与品种、果枝类型、树龄、气候条件、管理水平有密切关系。花束状果枝和短果枝花芽分化比长果枝和混合枝要早，成龄树比生长旺盛的幼树要早，一般的早熟品种比晚熟品种分化要早。分化期阴雨多湿，分化时期相对较长。营养不良，会出现雌蕊退化现象。营养过盛，花芽分化时间晚，分化期相对而言就长。因此，在花芽分化期间，要注意天气变化，加强水肥管理，采取相应对策，给花芽分化创造良好的条件。

三、大樱桃生长发育对环境条件的要求

与其他北方落叶果树相比，大樱桃对环境条件的要求较高，对环境因子的变化很敏感，生长发育中易出现抽条、死枝、死树等现象，因此人们常说"樱桃好吃树难栽"。

（一）对温度条件的要求

在落叶果树中，大樱桃是较不抗寒的树种。我国适宜栽培大樱

桃的区域，只限于北纬33°～42°，年平均气温7～14℃，一年中日平均气温高于10℃的天数为150～200天的地区。萌芽期最适宜的温度在10℃左右，开花期15～18℃，果实成熟期20℃左右。在我国的大部分地区，低温往往成为限制其分布的主要原因。冬季温度在-20～-18℃时，大樱桃即发生冻害；-25.2℃时，造成树干冻裂，大枝死亡，甚至大量死树。如1956年冬，辽宁省熊岳地区气温降至-25℃以下，造成大量大樱桃受冻毁园。另外，晚霜和倒春寒为害也是严重影响大樱桃生产的因子，许多年份和地区往往因此造成大幅度减产甚至绝产。大樱桃花蕾期遇到低温，在-3℃下4小时花会100%受冻。开花期和幼果期遇到-2.8～-1.1℃的低温，都会发生冻害，轻者伤害花器、幼果，重者导致绝产。

大樱桃既不耐低温也不耐高温，过高的温度同样会对其造成伤害。生长季高温高湿，易造成徒长，引起果园郁闭，而高温干旱，又易使叶片早衰，植株生长发育不良，产生大量畸形花。果实发育期间温度过高，则易"高温逼熟"，使果实不能充分发育，成熟期虽然提前，但果实品质差，果个小，肉薄味酸，这是内陆地区进行大樱桃生产的"瓶颈"因子。开花期遇26℃以上持续高温时，会因花粉失去活力而降低坐果率。另外，高温地区树体寿命缩短。

大樱桃果实发育期的有效积温为200～300℃。自然休眠期80～100天，打破休眠的需冷时间为0℃时需862小时，7.2℃时需2007小时。

（二）对光照条件的要求

大樱桃是喜光的树种，要求全年日照时数为2600～2800小时，太阳总辐射为469.8焦耳/平方厘米。在日照百分率为57%～64%的条件下生长良好。大樱桃在光照充足的条件下，树体生长健壮，树膛内外结果均匀，花芽发育充实，坐果率高，着色好，果实成熟早，含糖量高，品质好。相反，如果树冠密闭，光照不足，易导致枝叶生长发育不良，叶大而薄，光合能力弱；枝细，芽发育不良，尤其侧芽发育更差，难以成花；树冠内膛容易光秃，结果枝寿命短，结果部位外移，花芽发育不良，坐果率低，着色差，硬度变小，可溶性固形物含量降低，品质差，成熟晚。因此，大樱桃整形修剪时应充分考虑其对光照条件的较高要求，严防树冠郁闭。

（三）对水分条件的要求

与其他北方落叶果树相比，大樱桃是一种喜水又不耐水淹的果树。

大樱桃根系分布比较浅，抗旱能力差，而且其叶片大，蒸腾作用强，所以需要较多的水分供应，一般来说，大樱桃适宜在年降水量500～800毫米的地区生长。当土壤含水量达7%时，即可引起叶片萎蔫变色。干旱还易引起大量落果，尤其硬核期，干旱引起大量果实黄落，严重者可达50%以上，造成减产。而且受旱后若遇降雨或灌水过多，或果实在接近完全成熟时出现雾天，又往往造成大量裂果，严重影响果实品质，给生产带来严重损失。

大樱桃又是不耐涝的树种，其根系对土壤通气状况要求甚高。雨季土壤积水，极易引起死枝、死树。土壤湿度过大也是引起树体流胶的重要原因之一。所以，大樱桃园要建在排水良好的地方，必要时起垄栽种，以便随时排除园内的渍水。

大樱桃在不同发育阶段对水的需求量也不相同。在早春芽萌动期，生长量较小，需水量也较少。盛花期需要有较多的水供应以支持花的开放。落花后至硬核期，新梢迅速生长，蒸腾作用加强，需要较充足的水分供应。在果实发育第一阶段缺水会加重生理落果，减少单果重。如果在果实发育的第二阶段（硬核期）缺水，而在成熟期遇雨，则裂果现象加重。

（四）对土壤条件的要求

土壤的肥力和质地对大樱桃的生长发育和产量、品质都有决定性的影响。大樱桃在土层深厚、质地疏松、肥力较高的砾质壤土、沙壤土、壤土或轻黏土壤中，根系发达，分布较深。在黏重土壤上，根系发育不良，导致植株生长不良。马哈利作砧木的大樱桃尤其不适宜在黏重土壤上种植，吉塞拉 5、吉塞拉 6 等大樱桃矮化砧木在黏土地上可以较好地生长。当土壤有机质含量达到 8% 以上时，大樱桃栽后可以实现 2 年开始结果、4 年丰产，最高亩产可达 2000 千克以上，优质果品率高。进入盛果期的树，肥沃的土壤能够保证植株的健壮生长和稳定丰产，所以更强调多施有机肥料。如果土壤肥力差，树冠扩展速度慢，将推迟开始结果年限，进入丰产期之后，树体容易出现早衰现象，果实产量及品质都将受到影响。

大樱桃要求土壤的 pH 值为 6.5～7.5，即接近中性的土壤。大樱桃对盐碱反应敏感，土壤含盐量超过 0.1% 的地方，生长结果不良，不宜栽培。大樱桃在地下水位过高或透水性不良的土壤中生长不良。土壤中代换性钙、镁和钾离子对大樱桃的生长发育影响较大。在代换性钙、镁较多和氧化镁与氧化钾比率较高的土壤中，大樱桃生长良好。淋溶黑钙土的土壤断面中不含有害盐类，是大樱桃高产栽培理想的土壤。普通黑钙土有丰富的腐殖质层，吸收能力很高，土壤疏松，土质肥沃，理化性状良好，适宜大樱桃生长。在碱性土壤上，轻者大樱桃植株生长不良，易感缺素症，重者死亡。

我国种植樱桃的中北部地区，其土壤的 pH 值大部分为 7.0～7.8，即微碱性土壤，在这种 pH 范围之内樱桃仍可正常生长。如果土壤的 pH 值超过 7.8，则需注意土壤改良。有效的改良方法是大量施用有机肥、用植物秸秆覆盖树下，能起到降低 pH 值的作用。采用硫酸钾、硫酸铵等酸性肥料也能降低土壤的 pH 值。在少数土壤偏酸性的果园中施入熟石灰，可有效地提高土壤的 pH 值。在偏碱性的土壤上种植大樱桃时还要注意选择较抗碱性的砧木。

土壤中的污染物主要有农药、重金属、化肥和塑料等，其中农药和重金属易在植物体内累积，人们食用后会中毒。

（五）对地势条件的要求

地势对大樱桃的栽培有很大的影响，海拔高度、坡度、坡向及小气候都很重要。一般来说，3°～15°的坡度适宜大樱桃栽培，平地更不例外。山地缓坡空气流通，光照充足，排水良好，病虫害就少；阳光充足，湿度小，果实含糖量和维生素含量增高，耐储性增强，果面色艳光洁、品质好。坡度越大，水土流失越多。温度降低，土壤含水量降低，物候期延迟。南坡（南、东南、西南）光照充足，物候期早于北坡，果品质量好，但易受日灼、霜害、旱害的影响。北坡（北、西北和东北）日照较少，果园温度低，影响树体枝条及时成熟，但根据多年观察，在辽南地区北坡栽培的大樱桃，抗冻害能力一般好于南坡，这与春季芽萌动晚从而躲过倒春寒有关。

（六）对空气条件的要求

大樱桃不抗大气污染，要求空气清洁。大气中的粉尘、有毒有害气体（如二氧化硫、氟化氢、氯气、二氧化氮、碳氢化合物等）均可对其生长发育构成威胁。受污染危害后造成叶片褪色变白、叶边缘坏死等。花期遇害易使花瓣焦枯、花柱坏死。果实受害则产生各种颜色和大小的受害斑。

第三章

建园

一、园址选择与规划

选择适宜的生态环境，对果园进行科学规划设计，并且提高栽植质量，对提高幼树成活率、早果性、果实产量和质量以及经济效益都有直接而重要的影响。因此，大樱桃栽培从建园开始，就应追求高起点、高标准，严格按技术规范执行，建成标准化的果园。这样不仅可以减少投资，充分利用土地，也使果园便于管理，利于提高经济效益。适宜建园地点的选择是建立在对所选地综合评价的基础之上的，这种评价是以大樱桃对环境条件的要求为依据的，通常包括气候条件、地形地势条件、土壤条件、水质条件等。

（一）园址选择

大樱桃为多年生果树，生长发育与外界条件密切相关，良好的生态环境条件能有效地促进大樱桃的生长发育，达到早实丰产、高产优质的目的。因此，园址选择是大樱桃生产的重要基础。园址选择应充分考虑土壤、地形地势、气候、交通、社会经济发展等诸多因素。其中，应重点考虑气候、地形地势和土壤条件。大樱桃对连作反应较为敏感，连作易造成树体生长衰弱、流胶、寿命短、产量低或生长几年后突然死亡等现象，所以应避免连作种植大樱桃。

1. 气候条件

建立大樱桃园时，气候条件是首要考虑因子，其中冬季最低温、春季气温回升规律、高温、风灾、雹灾、倒春寒、晚霜等必须考虑，最适宜的地区应是冬无严寒、夏无酷暑、无风灾雹害、春季气温回升较平稳、无经常性的倒春寒和晚霜为害，在这样的地区建立大樱桃园通常较为成功。其他的自然因子如旱、涝等，可以通过栽培管理措施加以克服。

2. 地形地势条件

大樱桃对地形地势虽无特殊要求，但为了栽培管理方便，最好选择在坡度 15°以下的缓坡丘陵和平地建园，这样的地块通风、透光、温度等条件较协调，植株生长发育良好。

地形地势还是影响气候条件的重要因子，如由于地形形成的风口、霜穴等，均不利于大樱桃生长发育，因此要选地形开阔的地块建立大樱桃园。

由于地形地势形成的特殊小气候条件，有些特别适于大樱桃的生长发育，应充分选择利用。

3. 土壤条件

土壤是大樱桃植株赖以生存的基础，根据大樱桃对土壤条件的要求选择适宜土质的地块建园非常重要。一般要求园地土层深度要在 50 厘米以上，土质疏松，通透性好，以中性或微酸性的壤土或沙壤土较好，地下水位在 1.5 米以下，有利于根系发育。在土层较薄、质地较粗或较黏重的土地上建园，栽树前要精细整地，深翻改土，多施有机肥。一般不宜在黏重土、火山灰土、砂砾过多的土、红色酸性土、土层太薄（＜30 厘米）的地段建园。如果要在上述土壤上建园，要挖深沟大穴、覆大量客土和施有机肥。否则，树体长不起来，导致投资多、效益差。

目前，比较适宜的几种土壤类型为沙质土、壤质土、砾质土（粗骨土）。黏质土不适宜建大樱桃园，应彻底改良。

（1）沙质土　沙质土的特点是含砂粒超过50%，土壤颗粒组成较粗，黏结性小；土壤疏松，大孔隙多，毛管孔隙少；通气透水性强，但保水保肥力差，有机质分解快；热容量小，增温与降温快，昼夜温差大，属热性土地。

沙质土地块栽植大樱桃，根系分布较深广，植株生长快而树体高大，易早生产；但由于土壤条件不稳定，往往导致植株早衰，应加强土肥水管理。主要原则是增施有机肥，强化肥水的稳定供应，小肥勤施，小水勤浇，实行地面覆草制，注意防旱、防冻、防土壤过热。

（2）壤质土　壤质土由大致等量的砂粒、粉粒和黏粒组成，或黏粒含量不足30%。这类土壤质地均匀，松黏适度，通透性高，土性温暖，是较为理想的土类。根据黏粒含量的多少，又可分为沙壤土、黏壤土等。

壤质土果园的大樱桃植株，根系分布均匀合理，密度中等。根系更新慢而平稳，建造消耗少，功能强而稳定，树体生长中庸健壮，易丰产优质。建在这类土壤上的大樱桃园管理较为简便，总的原则是维持土壤理化性状的稳定性，使土壤有机质含量和腐殖化程度稳定提高。

（3）砾质土（粗骨土）　这类土壤的成分可以是多种多样的，但共同的特点是含有较多的石砾，通透性好，大樱桃植株可以良好的生长发育。

砾质土进行土壤管理时可参照其相应基质成分的其他土类进行。如砾质黏土，虽因石砾的存在而大大改善了其通透性，雨季仍需注意果园排水；而砾质沙土，保水保肥力更差，更需大量增施有机肥，进行果园覆草，增加有机质含量和腐殖化程度。

4. 水质条件

大樱桃对水质要求较高，不能用含盐、含碱、受污染的水灌溉，水硬度过高也不可用，否则会引起土壤次生盐渍化，危及大樱桃生长发育。所以，在沙荒和风大的地方建园，要营造防风固沙林，种植绿肥作物，逐年掏沙换土，改造低洼地，改良土壤。在盐碱地上建园，要先修台田，挖好排水沟渠，灌水洗碱，以减轻盐碱害。在高海拔的山地建园，紫外线强，有利于果实着色，但海拔太高，积温不够，果实不能充分成熟，果实含糖量下降，酸度增加。在我国中部果区，以海拔 1000 米左右为宜；在云贵川果区，以海拔 1500 米左右为宜。

（二）园址规划

进行商品化生产，应有经营规模，这就要求能相对集中、连片规划，按统一的株行距、授粉树配置方式，统筹兼顾，联合建园，以节约土地和投资，协同田间管理，便于采用新技术及采储、运销，形成商品生产基地，以扩大知名度及参与市场竞争。

在进行园地规划之前，要对园地的基本情况进行调查。调查的主要内容包括：当地的社会经济情况，以便预测市场，确定经营策略；大樱桃在当地的生产历史和现状；气候条件（尤其灾害性天气出现的频率），发生为害的强度；地形地势及土壤条件，以便确定定植方案，制定相应的土肥水管理技术措施；水利水资源条件及有机肥资源等。从有利于改善生态环境、方便排灌、交通便利、节约资源、省工省力的原则出发，根据果园规模和地形条件合理规划果园小区，平缓坡地小区面积以 3～5 公顷为宜，丘陵山地小区面积以 1～2 公顷为宜。结合果园道路及排灌系统，合理规划果园小区。

1. 栽植区规划

栽植区的规划即确定小区大小与行向，以方便生产管理。小区是果园经营管理的最基本单位，应根据地形、地势、土壤条件、果园规模等将果园划分为不同或相同面积的作业小区。因此，小区面积不宜过大，丘陵地区、土壤条件差异较大时，小区面积不宜超过 2 公顷，尤其大樱桃这一树种，需人工较多，更是如此。丘陵地建园，小区长边与等高线平行设置，以保持水土。平原地建园，小区面积应大一些，一般为6～7公顷，多为长方形，南北向延伸，利于果园获得较均匀的光照。园区的划分主要遵循以下原则：同一小区内土壤条件基本一致，以保证同一小区内管理技术内容和措施一致，利于提高生产效率，也可使生产管理效果理想；有利于进行水土保持工程规划和施工；有利于排灌系统规划；有利于喷药、施肥等果园管理的方便进行；有利于果园运输和机械化作业。

2. 防风林体系规划

在大樱桃果园系统中，防风林的作用非常重要。科学、合理、完善的防风林可改变果园小气候，减轻自然灾害。

大樱桃园防护林宜选择稀疏透风林带类型，使大部分气流从林带上方越过，而小部分气流穿林而过。通过大樱桃园防护林的建设，可在一定程度上改善园内通风条件，防止霜冻，减少病虫。

大樱桃园防护林选择树种的原则与其他果园防护林相同，即尽可能选择适应性强的乡土树种，生长迅速，枝叶繁茂，与大樱桃无共同病虫害且不是大樱桃病虫害的中间寄主。

防护林建造要与建园同时进行，若有条件，最好先行一步。加强管理，使之尽快成林。

林带防护的有效距离应为树高的25～30倍，林带分主林带和副林带2种，2条主林带相距500米左右，中间为一条副林带。主林带应与主要风害的方向垂直或偏角为20°～30°。

3. 水土保持与排灌体系规划

丘陵山地建大樱桃园时，必须做好水土保持工程规划和实施。常用的方法是修筑梯田，具体方法同于常规。

大樱桃根系浅，主根少、侧根多，不耐涝。因此，大樱桃园排灌系统显得尤为重要。集约化经营的大樱桃园必须采用滴灌、渗灌等现代灌溉方式，不仅可以大幅度节水，更重要的是可以为大樱桃树创造一个更加适宜的土壤环境，保证其良好的生长发育。滴、渗灌系统包括水源、动力、管道三大部分。水源要求洁净无污物，硬度低，以防滴头和渗孔被堵塞。动力主要是电源和加压泵，根据园地面积选用，一般6公顷以下的果园配一台口径5厘米水泵即可满足需要。

如果没有条件采取滴、渗灌供水，可以采取沟灌或树盘灌水的方法。尤其山岭地或经济条件较落后地区，均可采用。若附近水源方便，可采取明渠引水入园，干渠最好为硬化渠，减少水浪费。沿行向在树两侧开2条浅沟，沟深30～40厘米，灌溉时将沟灌满水即可，水渗下去后封土保墒。若不开沟，可在每株树下修4平方米左右的树盘，灌水时将树盘灌满，水渗下后待土略干爽，及时划锄保墒。这两种方法不及滴、渗灌节水，但较常规大水漫灌仍可节水50%以上，而且对土壤结构破坏亦较轻，因此仍不失为一种值得提倡的灌水方式。此类灌水方式的渠道设计较为简便，主要要求通畅。

大樱桃园的排水系统必须完善，并随时维护，确保畅通，降雨后多余的水要及时排出园外，严防积水。雨季高温时，树盘积水12小时以上就能引起死树。排水系统分为明渠排水和暗渠排水。

明渠排水，即在大樱桃园按一定距离修地表明渠，排出径流，一般山地和丘陵地大樱桃园多采用此法。园内排水渠按自然坡度设置，将园内径流排出到总排水渠中，总排水渠应采用石材修砌。坡度较大时应修成阶梯式，每30～50米即修一石坝，以减缓水流速度。总排水渠一般与水库、塘坝、蓄水池等连接。平地果园采用明渠排水时，排水系统由园内小区的集水渠、小区边缘的排水支渠和排水干渠组成。

暗渠排水，即在地下埋管道或其他易控水的材料，将园中多余的水分排出。暗渠可以采取塑料管、混凝土或陶瓷管，但因投资较大，采用得较少。亦可采用卵石填充的简易暗渠，效果很好，对于土质较为疏松、淤泥径流少的地块，排水效果良好。暗渠排水不占地面位置，方便作业，值得提倡。

4. 附属设施规划

大樱桃园附属设施包括房舍、道路、药池、积肥场、选果场、冷库等，是大樱桃园生产管理中不可缺少的部分。

房舍主要包括管理用房和生产用房，如办公室、看护房、仓库等。集约化经营的大樱桃园中必须建分级包装厂和冷库（或临时储藏室），大樱桃采后立即进行分级、包装，并进冷库降温储藏，这是实现大樱桃增值、防止损失的重要保证。大樱桃严禁露天堆放。

道路系统一般结合小区边界、排灌系统和防护林规划，尽量少占地，一般占果园面积的3%～5%为宜。道路的多少取决于果园规模和小区的数量，一般由主路、干路和支路组成。主路要求位置适中，贯穿全园，宽6～7米，最好是硬路面，可以通行卡车；小区之间设支路，一般宽2～4米，支路可通行拖拉机即可。面积较大的果园在主路和支路之间应设干路，便于小型汽车和农机具通过。山地果园的道路建设应随地形而异，一般主路可环山而上，呈"之"字形。

积肥场是大樱桃园必不可少的设施，若有条件可结合建立小型饲养场所、沼气池，实现"四位一体"。通过种植饲料作物养殖牲畜，牲畜粪便积肥供大樱桃园用，沼气可供生活用。

5. 施肥与喷药体系规划

集约化经营的大樱桃园宜采取管网施肥（追肥）与喷药的办法。主要包括水池、动力、管道、接口等部分。水池一般用砖砌，亦可用混凝土制作，要求必须不漏水，主要用于配制肥水或药液。液肥或配好的药液由泵通过管道输送到小区内，管道采用塑料管。根据小区实际情况、泵压力确定外接口的数量和位置，一般两个相邻接口间距不超过100米。若仅作施肥用，则直接与滴、渗管和给肥管连接，可与给水系统合二为一。若用于打药，则接口处应采用可与喷药软管连接的阀门。

采用平台式栽植的大樱桃园，由于管理时为膜下滴灌、水肥并施，给水、追肥体系为一套管网，每次灌水即加液肥，不浇清水。实践证明，在这种情况下大樱桃植株生长发育极佳，年生长量为普通管理的 2～3 倍，容易达到早丰产。

二、品种及砧木的选择

（一）品种及砧木选择的意义

在大樱桃果品生产中，品种是主要的生产资料，产量高低、品质优劣、抗性强弱等性状在很大程度上取决于栽培品种和砧木。所以，合理选择优良品种是达到优质、高产、稳产、省力栽培的前提，也是获得高经济效益的先决条件。在选择栽培品种时，不仅要考虑其果实性状，更要考虑其商品性，选择综合栽培性状好、市场竞争力强、经济效益高的品种。

（二）品种及砧木选择的原则

就栽培品种而言，为提高生产效率，要解决好以下 3 个关键环节，即确定品种选择的依据、栽植适宜的优良品种和适时进行品种更新。参考国内外大樱桃的生产现状和发展趋势，在选择栽培品种时，应遵循以下几点。

1. 品种适应本地区

选择与大樱桃生长发育要求相适应的地区栽培大樱桃，此外还要选择与当地自然经济条件相适应的品种。

选择品种时，首先，要考虑温度、降水和日照等气候条件，栽培品种必须能够适应这些条件。如适栽区域偏北的地区，要尽量选用耐寒力较强、抗裂果的中晚熟品种；在偏南的地区，要选择花期晚、耐霜害的品种。其次，要注意当地相关的社会经济条件，如交通不方便的地区，应发展耐储运的品种；有果品加工企业的地方，可选择适合加工的中熟或晚熟和耐储运的品种，或适当栽植加工用的品种以及鲜食与加工兼用的品种。

2. 综合栽培性状优良

根据当地气候特点，选择熟期适宜、丰产和稳产性好、适应性和抗逆性强、综合栽培性状优良的品种。选择保护地栽培品种和授粉品种的原则是：主栽品种应具有果个大（平均单果重 8 克以上）、果色红、果柄短粗、早熟或中熟、抗裂果、花期一致、需冷量低、能自花结实或自花结实率高等性状；授粉品种应具有花粉量大，与主栽品种授粉亲和性好、花期一致、需冷量相近，果个大、品质好的性状。

3. 果实商品价格高

大樱桃果实的商品价格是决定栽培效益高低的最重要因素。在大樱桃品种综合栽培性状较好的前提下，果实品质是决定果实商品价格的关键因素。宜选用果个大、色泽艳丽一致、果肉硬度较大、耐储运、口感风味好、抗裂果、商品价值高的品种。

4. 市场空间大

要观察分析市场需求现状和发展趋势，在立足于满足当前市场需要的同时，兼顾未来发展的新趋势，选择适宜品种，做到果品既在近期有较强的竞争力，又能保持今后有较好的销售前景，使果品有更大的市场空间。

5. 品种结构优

首先，要增加优良品种的栽植面积，不断提升优良品种比例，尽快从整体上实现栽培品种优良化。其次，要使早、中、晚熟品种合理搭配。主栽品种也不应只是一个，以避免采收、销售过于集中。要根据当地自然条件，科学确定不同成熟期的品种比例。适栽区偏南的地区，如山东鲁南地区、黄河中游地区等，樱桃物候期早，果实成熟早，早熟品种早供市，商品价格会更高。在这些地区，应以栽植早熟品种为主，使之成为重点早熟栽培区。而偏北的地区，如辽宁大连等地区，物候期晚，相同品种的果实成熟期比偏南的地区晚很多。这些地区早熟品种的供市期与南部地区中、晚熟品种的成熟期相近，因而没有市场竞争力；而这些地区的晚熟品种的成熟期正是南部地区无鲜果成熟供市的时期，则有很大的市场空间。所以，这些地区应以栽植晚熟品种为主，使之成为晚熟品种优势区。最后，要以栽植鲜食品种为主，兼顾加工品种。

当前，国内外市场对大樱桃的主要需求是鲜果。在这种情况下，可以预见随着大樱桃栽培面积和产量的增加以及人们生活水平的提高，大樱桃的果品加工业也会得到相应的发展，对加工原料将出现新的需求。鉴于此，大樱桃栽培在以鲜食品种为主的前提下，应适当发展加工和鲜食兼用品种，特别是现在已有相关加工产业的地区，更应有所考虑，以便更好地满足市场的需要。

6. 品种多样化

随着新品种的不断培育，各产区更加注重栽培品种的多样化，即使生产上采用新的、未被审定的新品种也会给生产者和市场带来潜在的优势。品种多样化栽培，一是可以错开花期，降低单一品种在花期遇不良天气而减产甚至绝产的风险；二是早、中、晚熟多品种搭配栽培，延长了果实供应期，降低了对劳动力的集中需求，提高了经济效益；三是新培育的品种大多数抗裂果性较强，尤其是一些品种的成熟期可错开雨季，明显降低了裂果率。

7. 砧木选择与树形修剪相结合

选择合适的砧木并搭配适当的树形与优良品种的选择同样重要。生长势弱的砧木嫁接丰产性较差的品种（如美早）能达到丰产的效果，若嫁接丰产性好的品种，如拉宾斯、萨米特等，则导致树势衰弱且坐果过多，果个较小。另外，树形的选择对品种的丰产性也极为重要，不同的品种须搭配合理的树形才能达到丰产的效果，如将丰产性较差的品种修剪成纺锤形或其他丰产树形则会显著增加果实产量。

（三）品种

1. 早熟品种

（1）早熟品种的生长发育特点及其适宜的环境条件　早熟品种的果实发育期为 25～40 天，发育进程快，硬核期和胚发育期很短，有些品种甚至无明显硬核期，至果实着色时种核尚未完全木栓化，胚胎发育不完善，败育现象较普遍。大樱桃早熟品种的果个大小受气候条件影响很大，在春季气温回升过快的地区和年份，往往出现"高温逼熟"现象从而不能充分发育。但早熟品种果实发育期间降雨较少，不易裂果，且果实病害也很轻，适宜在早春气温回升快、无晚霜为害的地区栽培。

（2）早熟品种适栽地区及选择的原则　我国适于栽培大樱桃早熟品种的地区应为山东的内陆以及其他内陆省、自治区适于栽培大樱桃的地区。在这些地区栽培早熟大樱桃，可以更好地发挥其成熟期早的优势，抢早上市。早熟大樱桃品种选择时，只要品质达到中等以上即可，主要注重成熟期。对果实形状、色泽要求不高。

（3）主要的早熟大樱桃品种

① 甘露（彩图 3-1）　由大连市甘井子农业中心选育，2012 年通过辽宁省品种审定委员会审定，为大果型早熟性品种，果皮浅红色，完熟时阳面鲜红色，果肉黄白色，脆硬多汁，可溶性固形物 20.8%，硬度 5.58 千克力/平方厘米，平均单果重 10.46 克，品质极佳，耐储运，丰产性好，裂果轻，果实发育期 38～40 天，栽后 3 年结果，5 年株产达 15.5 千克，树冠紧凑，适宜株行距 3 米×4 米。

② 红灯（彩图 3-2）　由大连市农业科学研究院育成，是我国目前广泛栽培的优良早熟品种。叶片特大，阔椭圆形，叶面平展，呈深绿色，有光泽，叶柄基部有 2～3 个紫红色长肾形大蜜腺，叶片在枝

条上呈下垂状着生；花芽大而饱满，每个花芽有 1 ～ 3 朵花，花冠较大，花瓣白色、圆形，花粉量较多。果实为肾形，大而整齐，初熟为鲜红色，外观美丽，挂在树上宛若红灯，逐渐变成紫红色，有鲜艳的光亮，平均单果重 9.6 克，最大可达 15 克。果肉肥厚多汁，酸甜可口，果汁红色，果核圆形，中等大小，半离核，果柄短粗；可溶性总糖 14.48%，可滴定总酸 0.92%，干物质为 20.09%，每 100 克果肉含维生素 C 16.89 毫克，单宁 0.153%，可溶性固形物含量 17.1%。较耐储运，品质上等，果实发育期为 40 ～ 50 天，大连地区 6 月 8 日左右成熟，经济价值很高。

该品种树势强健，树冠大，萌芽率高，成枝力较强，枝条粗壮。幼树期枝条直立粗壮，生长迅速，容易徒长，进入结果期较晚，一般定植后 4 年结果，6 年丰产。盛果期后，短果枝、花束状和莲座状果枝增多，树冠逐渐半开张，果枝连续结果能力强，能长期保持丰产、稳产和优质壮树的经济栽培状态。

③ 含香（俄罗斯 8 号）（彩图 3-3） 2001 年从俄罗斯引进新品种大樱桃苗木，代号 1573，经过国内试栽表现良好，经辽宁省农作物审定委员会审定，定名含香。该品种的果实为宽心脏形，双肩凸起、宽大，有胸凸。成熟时果实颜色从鲜红色渐至黑紫，油润黑亮，果肉甜，果柄细长，果个较大，平均单果重 12.9 克，果皮厚韧，弹性好，甜香味浓。大连地区 6 月上旬开始成熟。

④ 红艳 由大连市农业科学研究院育成。果实为宽心脏形，平均单果重 8 克，最大果重 10 克；果皮底色浅黄，阳面着鲜红色，色泽艳丽，有光泽。果肉细腻，质地较软，果汁多，酸甜可口，风味浓郁，品质上等。果实可溶性总糖 12.25%，可滴定总酸 0.74%，干物质为 16.33%，每 100 克果肉含维生素 C 13.8 毫克，可溶性固形物含量 18.52%，可食率 93.3%。

该品种树势强健，生长旺盛，幼龄期多直立生长，盛果期后树冠逐渐半开张，一般定植后 3 年开始结果。花芽大而饱满，每个花序有

1～4朵花，在授粉树配置良好的情况下，自然坐果率可达74%左右。大连地区6月10日左右成熟，和红灯同期成熟。

⑤ 明珠（彩图3-4） 由大连市农业科学研究院最新选育的早熟优良品种。果实为宽心脏形，平均单果重12.3克，最大果重14.5克，平均纵径2.3厘米，平均横径2.9厘米，果实底色稍呈浅黄，阳面呈鲜红色，外观色泽艳丽。肉质较脆，风味酸甜可口，品质极佳，可溶性固形物含量22%，可溶性总糖13.75%，可滴定总酸0.41%，干物质为18%，是目前中、早熟品种中品质最好的。可食率93.27%。果实发育期为40～45天。

该品种树势强健，生长旺盛，树姿较直立，芽萌发力和成枝力较强，枝条粗壮。幼龄期直立生长，盛果期后树冠逐渐半开张，一般定植后4年开始结果，花芽大而饱满，每个花序有2～4朵花，配置授粉树良好的情况下，自然坐果率可达68%以上。

⑥ 红蜜 大连市农业科学研究院育成。果实中等大小，平均单果重6.0克，果实呈心脏形，底色黄色，阳面有红晕。果肉软，果汁多、甜，品质上等，可溶性固形物含量17%。果核小，黏核，大连地区6月上、中旬果实成熟。

该品种树势中等，树姿开张，树冠中等偏小，适宜密植栽培。萌芽力和成枝力强，分枝多，容易形成花芽，花量大，幼树早果性好，一般定植后4年即可进入盛果期，丰产稳定，容易管理。

⑦ 早红珠（代号8-129）（彩图3-5） 大连市农业科学研究院育成。果实呈宽心脏形，全面紫红色，有光泽。平均单果重9.5克，最大果重10.6克。果肉紫红色，质较软，肥厚多汁，风味品质佳，酸甜味浓，可溶性固形物含量18%。核为卵圆形，较大，黏核。果实发育期40天左右，大连地区6月初即可成熟。较耐储运。

该品种树势强健，生长旺，树姿半开张，芽萌发力和成枝力较强。

⑧ 早露（代号5-106）（彩图3-6） 大连市农业科学研究院选育的极早熟优良品系。果实呈宽心脏形，果面紫红色，有光泽。平均单果

重 8.65 克，最大果重 9.8 克。果肉红紫色，质较软，肥厚多汁，风味酸甜可口，可溶性固形物含量 18.9%。果实可食率达 93.13%，核为卵圆形，黏核，较耐储运。果实发育期 38 天左右，大连地区 5 月末果实成熟。

⑨ 早大果（彩图 3-7） 乌克兰农业科学院灌溉园艺科学研究所育成。果实大而整齐，平均单果重 8～10 克。果皮紫红色，果肉较硬，果汁红色。果核大，呈圆形，半离核。可溶性固形物含量 16%～17%，口味酸甜，酸味较重。果实成熟期一致，比红灯品种略早。

该品种树体健壮，树势自然开张，树冠为圆球形，以花束状果枝和中、短果枝结果为主，幼树成花早，早期丰产性好。自花不育。

2. 中熟品种

（1）中熟品种的生长发育特点及其适宜的环境条件　大樱桃中熟品种果实发育期为 45～55 天，是目前生产上量比较大的类型。中熟品种果实发育期较长，一般年份能充分发育，果个较大。但有些年份，果实临近成熟时易遇降雨引起裂果。另外，中熟品种易与温暖地区的晚熟品种和冷凉地区的早熟品种成熟期相近，市场竞争激烈。

中熟品种对栽培地点无特殊要求，一般能栽培大樱桃的地区均可适当发展。

（2）中熟品种适栽地区及选择原则　我国广大大樱桃适栽地区均可栽培中熟品种，实际生产中应着重选择优质品种进行栽培，着眼于提高果品质量。在春季升温快的地区可做早、中熟栽培，在春季升温慢的地区则可做中、晚熟品种栽培，错开大量上市时间，实现大樱桃市场的平衡供应。

（3）主要的中熟大樱桃品种

① 佳红（彩图 3-8） 大连市农业科学研究院培育。果实为宽心脏形，大而整齐，平均单果重 10 克，最大 13 克。果皮薄，底色浅黄，阳面着鲜红色。果肉浅黄色，质较软，肥厚多汁，风味酸甜适口。果

实核小，黏核，可溶性总糖含量 13.17%，可滴定总酸含量 0.67%，干物质含量为 18.21%，每 100 克果肉含维生素 C 10.57 毫克，可食率 94.58%，含可溶性固形物 19.75%，品质上等。花芽较大而饱满，花芽多，每个花芽有 1～3 朵花，花冠较大，花瓣白色、圆形，花粉量较大，连续结果能力强，丰产。

该品种树势强健，生长旺盛，幼树生长较直立，结果后树姿逐渐开张，枝条斜生，一般 3 年开始结果，初果期中、长果枝结果，逐渐形成花束状果枝，5～6 年以后进入高产期。在红灯、巨红等授粉树配置良好的条件下，自然坐果率可达 60% 以上。6 年生树平均亩产 1018 千克，8 年生树平均亩产 1299 千克。果实发育期为 55 天左右，大连地区于 6 月中旬成熟。

② 美早（代号 7144-6）（彩图 3-9） 由大连市农业科学研究院 1988 年从美国引入的优良品种。果实为宽心脏形。平均单果重 9.4 克，最大果重 13.5 克。果色鲜红，充分成熟时为紫红色，具明亮光泽，艳丽美观。肉质脆，肥厚多汁，风味酸甜可口。果实可溶性固形物含量为 18% 左右，可食率 92.3%。果柄短粗。果核近圆形，中等大小，半离核。在大连地区 3 月下旬花芽膨大，4 月下旬为盛花期，果实成熟期为 6 月 15 日左右，比红灯品种略晚。

该品种幼树生长旺盛，分枝多，枝条粗壮，萌芽率和成枝力均高，进入结果期较晚，以中、长果枝结果为主。成龄树树冠大，半开张，以短果枝和花束状果枝结果为主，较丰产。

③ 甘红（彩图 3-10） 由大连甘井子农业中心选育，果实为宽心脏形，梗洼浅，果顶较平，缝合线不明显，紫红色；果面红色，亮丽美观，完熟时深红色，过熟时紫红色；果皮厚韧，果肉红色，脆硬多汁。平均单果重 10.80 克，最大果重 20.4 克。可溶性固形物含量 17.20%。

④ 拉宾斯（彩图 3-11） 由加拿大育成的自花结实品种。果个较大，平均单果重 8 克。果实近圆形或卵圆形。果面紫红色，有光泽，果皮厚韧。果肉肥厚多汁，肉质硬脆，口味甜酸，可溶性固形物含量

16%。大连地区6月中、下旬果实成熟。

该品种树势强健，树姿开张，树冠中大。幼树生长快，新梢直立、粗壮。幼树结果以中、长果枝为主。盛果期多为花束状、莲座状果枝结果，连续结果能力较强，产量稳定。花芽较大而饱满，开花较早，花粉量多，自交亲和力强，并可为同花期品种授粉，抗裂果。

3. 晚熟品种

（1）晚熟品种的生长发育特点及其适宜的环境条件　大樱桃的晚熟品种果实发育期在60天以上，大连地区在6月底以后成熟。晚熟品种果实发育期长，尤其硬核期持续时间长，易受外界环境条件剧变的影响，干旱、水涝极易引起大量落果。果实发育期间易遇降雨或冰雹，造成裂果和砸伤。由于果实发育期长，鸟兽害较重，生产成本高。

晚熟品种适于雨季来临较晚、冰雹等自然灾害少、鸟兽为害较轻的地区。若气候较冷凉，则可保证果实充分膨大，生产出优质大果。

（2）晚熟品种适栽地区及选择原则　晚熟品种适宜在辽南等春季气温回升慢、气候冷凉的地区发展，以充分发挥其成熟期晚的优势，稳稳占据晚熟大樱桃市场，实现高效益。由于晚熟大樱桃品种果实发育期长，易受环境条件影响，因此在选择品种时要选择抗逆性强、病虫害轻、不裂果、不易落果的类型。

（3）主要的晚熟大樱桃品种

① 金顶红　辽宁省大连市金州区金科科技培训服务中心选育。果实为宽心脏形，梗洼浅，果顶凸，缝合线明显；平均单果重13.24克；果皮厚韧，完熟时为深红色，过熟时为紫红色；可溶性固形物含量17.7%。

② 晚红珠（彩图3-12）　大连市农业科学研究院育成的极晚熟品种。果实呈宽心脏形，全面为洋红色，有光泽。平均单果重9.8克，最大果重11.19克。果肉红色，肉质脆，肥厚多汁，风味酸甜可口，品质优良，可溶性固形物含量18.1%，可溶性总糖12.37%，可滴定酸

0.67%，每 100 克果肉含维生素 C 9.95 毫克，果实可食率为 92.39%。耐储运。大连地区 7 月上旬果实成熟，属极晚熟品种，鲜果售价高是其突出特点。

该品种樱桃树势强健，生长旺盛，树势半开张，幼树期枝条虽直立，但枝条拉平后第二年即可形成许多莲座状果枝，花芽大而饱满，每个花序有 2～4 朵花，花粉量多，在红艳、佳红等授粉品种配置良好的条件下，自然坐果率可达 63% 以上。该品种受花期恶劣天气的影响很小，即使花期大风、下雨，其坐果仍然良好。抗裂果能力较强（主要指阵雨），但持续时间较长的降雨仍会造成大量裂果，所以在果实成熟期经常出现持续降雨或阴雨连绵天气的地区，则要注意防雨栽培，以减少裂果造成的损失。春季对低温和倒春寒抗性较强。

③ 饴珠（代号 2-81）大连市农业科学研究院选育。果实为宽心脏形，整齐。果实底色呈浅黄色，阳面着鲜红色霞，外观色泽美。平均单果重 10.6 克，最大果重 12.3 克。肉质较脆，肥厚多汁，可溶性固形物含量在 22% 以上，风味酸甜适口，品质极佳。果实核较小，近圆形，半离核，耐储运。丰产性好。成熟期晚，在大连地区 4 月下旬盛花，6 月下旬果实成熟。

该品种树势中庸，枝条较开张，对穿孔病、叶斑病、流胶病均有较强的抗性，尚未发现病毒病，早春低温对其坐果率影响较小。

④ 泰珠 大连市农业科学研究院育成。果实呈肾形，整齐。果实全面为紫红色，有鲜艳光泽和明晰果点。果个大，平均单果重 13.5 克，最大果重 15.6 克。肉质较脆，肥厚多汁，风味酸甜适口，可溶性固形物含量在 19% 以上，品质优，耐储运。核较小，近圆形，半离核。在大连地区 3 月下旬花芽膨大，4 月 18 日左右始花，4 月 20～23 日盛花，6 月 22 日左右果实成熟。该品种树势强健，生长旺盛。

⑤ 丽珠（代号 1-72）大连市农业科学研究院选育。果实呈肾形，果个大，平均单果重 10.3 克，最大果重 11.5 克。果皮为紫红色，有鲜艳光泽，外观及色泽似红灯，色泽美。肉质较软，风味酸甜可口，

可溶性固形物含量为21%，品质显著优于先锋。

该品种幼树树势强健，进入盛果期后树势中庸健壮，枝条半开张。早果性好，栽后第三年即可见果。成熟期晚，在大连地区3月下旬花芽膨大，4月中旬始花，4月20～23日盛花，6月28日左右果实成熟。

⑥巨红（代号1338）（彩图3-13）　巨红由大连市农业科学研究院育成。果实呈宽心脏形，整齐，平均横径2.81厘米，平均单果重10.25克，最大果重13.2克。果实可食率为93.12%，总糖、干物质、总酸、维生素C等含量均高于那翁。果实发育期为60～65天，大连地区6月下旬成熟。

该品种树势强健，生长旺盛，幼龄期呈直立生长，盛果期后逐渐呈半开张状，一般定植后3年开始结果。花芽大而饱满，每个花序有1～4朵花，花粉量多，在红灯、佳红等授粉品种配置良好的条件下，自然坐果率可达60%以上。盛果期平均亩产872千克。

⑦萨米特（彩图3-14）　加拿大以先锋和萨姆杂交育成。果个大，平均单果重11～13克。果实呈心脏形，紫红色，果形美观，色泽光亮，果肉较脆，口味酸甜，风味浓，品质上等，商品性能好。果皮韧度较高，裂果轻。成熟期比红灯晚15天左右，大连地区6月下旬成熟。

该品种树势中庸健壮，叶片中大，节间短，树体紧凑，早果丰产性能好，产量高。初果期多以中、长果枝结果，盛果期以花束状果枝结果为主。花期稍晚，适宜用晚花品种作为授粉树。

⑧雷尼　大连市农业科学研究院1988年从美国引入。果实呈宽心脏形，底色浅黄，阳面着鲜红色霞，充分成熟时果面全红，具光泽，艳丽。平均单果重10克左右。果肉黄白色，肉质脆，风味酸甜可口，可溶性固形物含量18.4%，风味好，品质佳。耐储运。大连地区6月下旬果实成熟。

该品种树势强健，树冠紧凑，幼树生长较直立，随树龄增加逐渐开张，枝条较粗壮、斜生。幼树结果早，以中、长果枝结果为主，盛果期树以短果枝和花束状果枝结果为主，丰产稳定。较抗裂果，适应性广。花芽大而饱满，花粉多，自花不育，是优良的授粉品种。

⑨ 先锋（彩图 3-15） 加拿大育成的优良大樱桃品种，1983 年由郑州果树研究所引入。果皮为紫红色，有光泽，艳丽美观。平均单果重 7～8 克，最大果重 10.5 克，产量过高时果实变小。果肉为紫红色，硬脆多汁，甜酸适度，可溶性固形物含量 17%，品质中上等。可食率 92.1%。耐储运。果实生育期为 50～55 天，大连地区 6 月下旬成熟。

该品种树势中庸健壮，新梢粗壮直立，以短果枝和花束状果枝结果为主，花芽容易形成，花芽大而饱满，花粉量多。幼树早果性好，丰产、稳产，果实裂果轻，耐储运，树体抗寒性强，越冬性好。

⑩ 红手球 日本山形县在杂交实生苗中选出，大连市农业科学研究院 2000 年引进。果实呈短心脏形，果个大，单果重 10 克左右，硬肉，果皮为鲜红色，可溶性固形物含量为 17%～20%。果柄较短。初成熟时果实为鲜红色，充分成熟后为浓红色，外观鲜艳美观。果肉呈浅黄色，质地较脆，果汁多，风味优，甜酸适口，半离核。耐储运。果实生育期 70 天左右。

该品种成花早，早果性好，定植后第三年开始结果，但树势较弱。授粉品种有南阳、红秀峰、佐藤锦等。

⑪ 黑珍珠 果实呈肾形，果面为紫红色，充分成熟时呈紫黑色，外表光亮似珍珠。果肉呈深红色，脆硬，风味甜。汁液中多，可溶性固形物含量 17.5%，耐储运。

该品种树冠开张，树势中庸，成枝力强，早果性好。盛果期以中、短果枝和花束状果枝结果为主。成花易，花量大，自花结实率 85%。丰产，抗性强，耐低温霜冻。

⑫ 晚蜜（彩图 3-16） 大连市旅顺口区农业技术推广中心选育。果实呈心脏形，果个大，平均单果重 9.35 克，最大果重 14.5 克。果实底色稍呈浅黄，阳面呈鲜红色，外观色泽艳丽。果皮厚韧。果肉呈黄白色，脆硬多汁，风味酸甜可口，品质上等，可溶性固形物含量

18.4%。果实发育期 65 天左右，为晚熟大果型优良新品种。

（四）砧木

大樱桃苗木主要以嫁接繁育为主，繁育好砧木苗是培育壮苗的先决条件。大樱桃砧木影响着接穗品种的整个生长发育进程，直接影响其生长发育习性、早果性、丰产性、果实大小、果实品质、抗逆性和树体寿命等方面，从而对生产过程中园址选择、园地规划、合理树体结构的确定、劳动和经济投入等方面产生重要的影响。随着大樱桃产业的发展，砧木问题日益突出，成为我国大樱桃产业持续健康发展的主要瓶颈之一。

1. 砧木的种类

目前，大樱桃砧木主要有乔化砧木和矮化砧木，其中乔化砧木嫁接大樱桃品种树体高大、结果晚、采摘困难、用工多，但矮化砧木嫁接大樱桃品种具有结果早、丰产、质优、便于管理、减少用工、降低生产成本、提高经济效益等优点，利用矮化砧木是当前矮化栽培的主要途径，省工省力，是大樱桃产业发展的趋势。因此，适宜的砧木是大樱桃省力高效栽培的重要基础。

欧美国家应用的主要砧木为马扎德、马哈利、考特、吉塞拉等。我国多采用中国樱桃、本溪山樱、马哈利、考特、ZY-1 等，近年来吉塞拉等也被推广应用。

现将国内外主要的大樱桃砧木简要介绍如下。

（1）草樱系列 草樱属中国樱桃系列，为灌木或小乔木。其特点是树势强健，树冠开张，分蘖力强，自花结实力强，适应性广，较耐涝，但耐旱、耐寒力相对较弱。须根发达，主根不发达，属浅根系，有气生根，扦插压条较易生根。嫁接成活率高，种子出苗率高，进入结果期早。实生苗抗病力弱，病毒病较重。固地性差，遇大风易倒伏。近几年，大多数大樱桃栽培地区普遍采用草樱作砧木，主要资源来自山东烟台地区。草樱树干呈暗灰色，光滑，根系呈褐色或浅褐色。

根据多年观察，草樱主要可分为大叶型、中叶型、小叶型三种。

① 大叶草樱　小乔木或灌木，是从中国樱桃中选出的一个优良大樱桃乔化砧木。但在大叶草樱上嫁接的大樱桃树冠较马哈利作砧木的树冠小。与多数大樱桃品种嫁接亲和力较强。

大叶草樱叶片大而厚，叶色浓绿，叶片呈长椭圆形，叶缘复锯齿状。与其他草樱砧木比较，根系分布深，毛根少，粗根多，固地性好，不易倒伏。抗逆性较强，寿命较长。嫁接成活率高，一般在95%以上。枝条较硬，直接扦插不易成活，可压条繁殖。适宜在沙壤土或砾质壤土中生长，在黏重土壤中生长时，盛果期树嫁接部位易流胶，用大叶草樱作砧木适宜的株行距为（2.5～3）米×4米，即每亩栽植55～60株。果实在5月下旬成熟，种子较小，每千克1万余粒，播种发芽率50%以上。

采用大叶草樱作砧木，突出的特点是较耐涝，但不耐寒，树体生长旺盛，扩大树冠快。

在辽宁南部地区栽培，如果肥水充足，长势过旺，第一年栽植的大樱桃树，翌年春天调查几乎100%抽条，新生枝条梢部1/3部位全部抽干枯死。栽培上应特别注意幼树期间氮肥的施用量，控制水分，防止过旺生长，增磷、补钾，使幼树枝条充实、粗壮，增强抗寒力。

用大叶草樱作砧木的大樱桃苗，幼树期间，冬季应采取适当的防寒措施。

大叶草樱很少发现根癌病。砧木与接穗生长速度一致，无小脚病。为加强固地能力，可采取嫁接部位相应提高的方法，一般可在地上部分10～20厘米处嫁接，这样做的好处是：可采取连年培土的方法，促使气生根生长，增加根量，增强抗风、抗倒伏能力，还可起到防寒作用。

② 中叶草樱　中叶草樱叶片呈长卵圆形，表面粗糙，叶脉较浅，叶色浓绿，叶缘复锯齿状。枝条较大叶草樱稍软。粗根明显少于

大叶草樱。嫁接成活率较高，枝条扦插不易成活，其他方面与大叶草樱相同。

③ 小叶草樱　叶片小而薄，呈卵圆形。分枝较多，枝条细而软，节间短。根系浅，毛根多，粗根少，固地性差。长势弱，易倒伏。抗逆性差，寿命短。嫁接成活率明显不如大叶草樱。抗病能力较差，易得毛根病和感染病毒病。区别于大叶草樱的突出特点就是小叶草樱枝条扦插成活率高，繁殖速度快。因小叶草樱具有以上特点，所以，用小叶草樱作砧木对接穗的影响很大，嫁接后的大樱桃树长势不良，发病率高，抗风、抗旱、抗寒力差，极易死树，进入结果期后的树死亡率在 85% 以上。小叶草樱不宜作嫁接砧木用。

（2）山樱桃系列　山樱桃属中国樱桃系列，为乔木或小乔木，生长健壮，结果多。其变种类型甚多。山樱桃抗旱、抗寒能力强，适应性强，抗涝性相对较差。山樱桃须根较少，主、侧根发达，固地性好，抗倒伏。嫁接亲和力强。山樱桃很少有气生根，压条、扦插繁殖较困难，主要采用播种繁殖的方式。

山樱桃树干在苗期呈浅红褐色，大树呈灰红褐色。果实呈黑紫色，成熟期在 6 月中旬，种子分长形和圆形两种。

① 本溪山樱（彩图 3-17）　主要产地在辽宁省本溪市连山关一带，故称本溪山樱。属李亚科樱桃属，为高大乔木。30 年生以上的大树，树高可达 20 米以上。树冠半开张，枝条粗壮，生长健壮，结果早。叶片呈长椭圆形，叶柄上有暗红色蜜腺，叶片较大，叶色深绿。果实呈红紫色或黑紫色。种子发芽率高，嫁接亲和力强，树体生长前期旺盛，进入结果期，树冠中庸开张。果实在 6 月中下旬成熟。抗旱、抗寒能力强但不耐涝，适于山地、丘陵地区栽培。

用本溪山樱作大樱桃砧木，首先应注意选择适宜的种苗，避免小脚病、根癌病的发生，因为不同种类的本溪山樱抗病能力有很大差异。本溪山樱按果实大小可分为大果型、小果型两种。大果型果实呈紫红色，长圆形，味道偏酸，枝条稍软。小果型果实呈黑紫色，圆形，味道偏甜，枝条稍硬。选用大果型本溪山樱作砧木很少出现小脚病。选枝条软的砧木苗，相对来说小脚病就轻，而选枝条硬的砧木苗，小脚病就重。

造成小脚病的主要原因是砧木与接穗生长发育不一致，砧木生长缓慢，而接穗生长迅速，出现上粗下细的"小脚"现象。幼树期间尚无太大影响，进入结果期后，根部向树体输送养分能力不足，必然导致树体饥饿衰弱死亡。采用本溪山樱作大樱桃嫁接砧木时，一定要注意这一点。近年来采取低位嫁接办法，可减轻小脚病的发病率。对已发生小脚病的树，应采用桥接办法来解决。本溪山樱易感染根癌病。

② 中国山樱（玻璃灯）原产于我国。树势旺盛，叶片呈卵圆形，中等大小。在辽宁南部地区 5 月底果实成熟。自花结实，主要以种子繁殖为主。以前不少地区用玻璃灯作大樱桃嫁接砧木，嫁接成活率较高。

由于中国山樱作砧木嫁接成活率较高，且幼苗期长势强健、无病害表现，不少果农误认为其是一个很好的砧木品种。但调查表明，凡是用玻璃灯作砧木的大樱桃树，只要到了结果期，一开花就死树，无一株生存。大多数人认为是管理不当造成的死树现象，但经专家鉴定认为是远缘不亲和造成的结果。因此，在大樱桃生产中，切不可用玻璃灯作嫁接砧木。

（3）青肤樱 青肤樱是日本大樱桃的主要砧木之一。在辽宁南部地区，20 世纪 70 年代以前，主要采用青肤樱作大樱桃砧木。青肤樱树势较强健，分枝力强，寿命较长，作大樱桃砧木嫁接成活率高，亲和力强。用青肤樱作砧木嫁接的那翁品种，有些树龄已达 50 年以上，仍然枝繁叶茂，果实累累。青肤樱萌蘖力强，扦插、压条、分株或种子直播繁殖都可。缺点是根系较浅，不耐旱，遇大风易倒伏；易患根癌病，进入结果期的树，根癌病发病率几乎达 100%，易造成大量死树。

（4）矮化系列

① 考特 考特是英国东茂林试验站利用欧洲大樱桃和中国樱桃作亲本，培育出的第一个大樱桃半矮化砧木，1977 年推出，1985 年引入我国山东。其分蘖力和生根能力均强，所以扦插和培养繁殖容易，栽植成活率高。与大樱桃亲和力好，接口愈合良好。砧木与接穗生长发育一致，无"大脚""小脚"现象。嫁接初期树势较强，很快形成树冠。随树龄增长逐渐缓和，进入结果期树势中庸，半矮化，嫁接的大樱桃树体仅为乔化砧木的 2/3，适于矮化密植和设施栽培。考特作砧木的大樱桃树进入结果期早，花芽分化早，果实品质优良，早产、丰产性强，故考特是一种较为理想的嫁接大樱桃砧木。对土壤适应性广，在土壤肥沃、排灌良好的沙壤土上生长最佳。根系发达，须根多而密集，固地性强，抗风力强。抗假单胞属细菌性溃疡病，也抗疫霉菌。

考特的缺点是不抗干旱，背阴、干燥、无灌溉条件的地块不宜栽培。同时根癌病发病率较高，这与土壤质地和栽培管理水平有关，个别地区栽培考特作砧木的樱桃树 100% 发生根癌病，连片死亡。在利用考特作砧木时，应因地制宜。

② 吉塞拉 5 欧洲酸樱桃与灰毛叶樱桃杂交得到的一种砧木。吉塞拉 5 被称为欧洲最丰产的大樱桃矮化砧木，具欧洲酸樱桃的明显特征，果实呈鲜红色，仅有 2 克左右，极酸；叶片小，呈卵圆形，有蜡质层；抗病性强。在中等肥力的土壤上，5 年生树生长势中庸偏弱，平均株高 1.93 米，最高 2.10 米，自然植株呈自然圆头形，发枝角度大，侧生分枝细弱，发枝率高，树形自然开张；在轻黏土的苗圃中表现较好的耐涝性，流胶病轻，较耐根癌病，根系发达。与大樱桃诸多品种嫁接成活率高，达 96.5% 以上。苗期嫁接部位有"小脚"现象，表现十分明显。很少有根蘖。吉塞拉 5 每亩栽植 66～84 株，株行距为（2～2.5）米×4 米。嫁接在吉塞拉 5 上的大樱桃第二年开花结果，4 年生株产可超过 10 千克。

吉塞拉 5 为矮化砧木，在前 6 年长势为标准乔化砧木的 30%～60%，以后为 30%。在欧洲，它作为长势弱的樱桃砧木标准品种。适于黏重土壤和多种土壤类型。与 50 多个品种嫁接都很少死树，非常早果，2～3 年生开始结果，通常 4～7 年生树每株结果 5～15 千克。耐李矮缩病毒和樱桃坏死环斑病毒，中等耐水渍，抗寒性优于马扎德和考特，但不如其他的吉塞拉品系。在不良栽培条件下，枝条生长量小，果变小，可能早衰。

根据国外资料报道和国内研究结果，认为吉塞拉 5 砧木矮化性强，较抗涝，抗病性强，与大樱桃嫁接亲和性良好，适宜嫁接生长势旺盛、进入盛果期较晚的品种，适宜在土壤肥沃、施肥水平高的轻黏土地、黏土地栽种，特别适宜作保护地大樱桃栽培的砧木。

③ 吉塞拉 6　也是由欧洲酸樱桃与灰毛叶樱桃杂交得到。具欧洲酸樱桃的明显特征，与吉塞拉 5 极相似。在中等肥力的土壤上，5 年生树生长势中庸偏弱，平均株高 2.4 米，最高 2.65 米，呈自然圆头形，发枝角度大，侧生分枝细弱，发枝率、成枝率均高，树体自然开张。叶片较吉塞拉 5 略大，呈卵圆形。有蜡质层。抗病性强。果实呈鲜红色，单果重 2 克左右，坐果率极低。在整个生长季节几乎无病害发生。在轻黏土的苗圃中表现较好的耐涝性，流胶病轻，较耐根癌病，根系较发达。与大樱桃诸多品种嫁接成活率高，平均成活率为 95.6%。苗期"小脚"现象表现不十分明显。很少有根蘖。

吉塞拉 6 为半矮化砧木，树高为标准砧木树高的 70%～80%，树体开张，分枝角度较大，树形自然开张，根蘖没有或极少，适于黏重土壤和广泛的土壤类型，没有或很少死树。长势比吉塞拉 5 旺，对于良好的土壤和长势旺的品种可能生长过旺。非常早果，一般 4～6 年生树单株结果 10～25 千克，密生短枝。耐李矮缩病毒和樱桃坏死环斑病毒，抗根癌病和细菌性溃疡病，高度耐水渍。对土壤适应性强，适于重黏土壤和广泛的土壤类型。在很多地方表现出色，少有死树。根据国外资料报道和国内研究结果，认为吉塞拉 6 砧木矮化性适中，抗寒性优于马扎德和考特，抗涝、抗病性强，较耐根癌病，与大樱桃嫁接亲和性良好，适用于大樱桃的各种栽培方式，特别适于露地、黏土地、降雨量较少、浇水不方便及降雨量较多的地区栽培，有可能是我国应用最广泛的大樱桃砧木。

④ ZY-1　郑州果树研究所1988年从意大利引进的大樱桃半矮化砧木。其自身根系发达，萌芽率、成枝率均高，分枝角度大，树势中庸，根颈部位分蘖极少，具有明显的欧洲酸樱桃特征。叶片较大，呈卵圆形，有蜡质层，抗病性强；果实呈鲜红色，单果重3克。与大樱桃嫁接亲和力强，成活率高，进入结果期早，2年可结果，5年进入盛果期，抗旱、抗寒性强。且具有显著的矮化性状，嫁接大樱桃后，树冠大小为马扎德标准树冠的70%左右。幼树期植株生长较快，成形快；进入结果期之后，生长势显著下降。一般树冠高3.5～4米，嫁接部位没有"小脚"现象。组织培养繁殖。栽培密度：每亩栽植66～84株，株行距为（2～2.5）米×4米。

⑤ IP-C系　IP-C系由罗马尼亚果树研究所育成，是一种甜、酸樱桃普遍适用的矮化砧木。以其为砧木的樱桃树长势中庸偏弱，结果早，产量高于以考特作砧木的。定植后第二年一般即可形成花芽。耐涝性很强，嫁接在IP-C1上的大樱桃在水分持续过量4～5天时，植株仍然表现正常。IP-C1可通过扦插、压条以及组织培养的方法繁殖。

⑥ 马哈利（彩图3-18）　原产自欧洲中部，是欧美各国最普遍应用的大樱桃砧木，我国辽宁大连、河北秦皇岛、陕西等地应用较多。马哈利CDR-1是西北农林科技大学从马哈利樱桃自然杂交种的实生苗中选出的抗根癌砧木，每千克种子1.2万～1.5万粒，经沙藏处理后，发芽率可达90%，多采用实生播种繁殖的方式。出苗率高，幼苗生长整齐，播种当年可供芽接株率达95%以上。与大樱桃嫁接亲和力强，接口愈合良好，苗木生长健壮，成苗快，有矮化作用，结果较早，耐旱、耐瘠薄、耐寒。对疫霉病敏感，易感褐腐病。不适宜潮湿、黏重的土壤。有小脚现象。定植时应将接口埋在地表以下。

　　大连地区主要栽培的是矮生马哈利，是 20 世纪 80 年代中期从美国引进的。主要特点：树冠半矮化，抗寒能力强，大连地区栽植的以其作砧木的樱桃无冻害、无抽条现象，较抗旱，耐涝性差。马哈利叶片呈椭圆形、大而较薄，叶色深绿。根系发达，直根多，须根很少，根呈浅褐色，根系深，固地性很强，抗风害、抗倒伏能力好。

　　马哈利扦插不易成活，压条繁殖不易生根，主要繁殖方法是种子直播。种子萌芽率高，砧苗生长健壮，播种当年就可嫁接。马哈利樱桃与大樱桃的嫁接亲和力较强。大连地区栽培结果表明，用马哈利作砧木的大樱桃树，结果早、丰产，抗逆性强，无根癌病发生。树体初期生长强旺，三年生以后逐渐缓和，树冠中等，半开张。

　　马哈利的缺点是芽接成活率很低，由于马哈利的表皮特别薄脆，给嫁接带来困难，芽接因接穗与砧木表皮厚度差异很大，很难使形成层连接，难以成活。常规条件下正常方法嫁接成活率仅为 27%～36%。马哈利嫁接成活率高低主要取决于时间和方法。大连地区的最佳嫁接时间为春季砧木芽露白时和夏、秋季 7 月 27 日前后的 4～5 天里，方法是带木质部嫁接比芽接成活率高。

　　⑦ 11-93　11-93 是大连农业科学研究所王逢寿教授经过多年研究培育，选出的一种大樱桃矮化砧木。

　　主要特点：抗寒性好，适宜栽培的地域广；根系发达，固地性强，较抗病毒病、根癌病；嫁接亲和力好，成活率高，嫁接愈合力强，砧木与接穗之间伤口愈合平顺，几乎看不出接口痕迹；树势生长旺盛，树高中等偏低；种子繁殖、埋土压条繁殖均可。是大樱桃生产中一种理想的半矮化砧木。

　　⑧ 草原樱桃　草原樱桃是近年来从欧洲引进的一个优良新品种。主要特点是自花结实，树体小，树冠紧凑，极矮化，栽后 2 年见果。用作高密度栽培较适合。

2. 大樱桃生产中砧木存在的问题

虽然大樱桃的砧木种类很多，但直到目前为止，还没有哪一种综合性状完全适合我国采用，没有适宜的优良砧木已经成为制约我国大樱桃生产的关键性问题。目前，我国大樱桃生产中砧木存在的问题主要有以下几个方面。

（1）抗逆性差　目前，生产上采用的大樱桃砧木自然分布范围大多比较狭窄，对特定的自然条件要求较高，难以在广大大樱桃栽培区普遍采用。异地栽培利用后，往往表现较差，抗寒、抗旱、抗涝能力差，植株易患各种病害和生理障碍，生长发育不良，结果差，经济寿命短。

（2）根癌病重　易患根癌病是目前生产上采用的大樱桃砧木的通病，也是亟待解决的问题。有些类型即便是在从未培育过樱桃苗的地块上播种育苗，1年生苗也会发生根瘤（根癌病）。但像本溪山樱桃在原产地野生状态下却从无根瘤，几十年甚至上百年生的大树依然非常健壮，这方面的机制值得深入研究。若能克服根癌病，则大樱桃栽培又会有一个大发展。

如果根瘤着生在离根颈有一段距离的根段上，则即便这条根死亡，树也不会死，受影响较小，可正常生长结果。若根瘤着生在根颈部位或与根颈距离20厘米以内的大根上，则极易引起木质部坏死，导致整树死亡或局部大枝先死，进而全树死亡。这类树在果实发育的硬核期死亡较多，此时正值营养临界期，新梢旺长，果实硬核和胚发育都需要大量的营养，植株体内储存的营养已用尽，转而依靠当年新叶制造的营养，养分、水分竞争非常激烈，植株体内易发生紊乱。

（3）亲和差　目前，生产上采用的大樱桃砧木与大樱桃品种嫁接时多存在不同程度的不亲和现象。主要表现为嫁接成活率低、接口易流胶、接合部位愈合差且易断裂、接活后生长缓慢、发生小脚现象、成龄树接口处坏死等，所有发生这些现象的植株均表现为生长发育不良、适应性差、寿命短。

在生产嫁接苗过程中出现的不亲和现象与大樱桃本身的特性也有关，可以采用相应的措施加以克服。如在带木质部芽接时，采用芽下方入刀、一刀削芽的方法，使削下的芽片所带的木质部尽量薄，接后愈合过程中，这部分木质部虽然死亡，但其周围活组织仍可较顺利地与砧木活组织相连，可大大提高嫁接成活率，而且接芽萌发后生长强旺，与砧木愈合牢固。常规的嵌芽接所削芽片通常木质部过厚，接后芽片木质部死亡，接芽即枯死，或仅皮层与砧木愈合，表现出"活而不发"，不能成苗。

（4）不整齐　与其他北方落叶果树相比，大樱桃园植株整齐度是最差的，这与砧木生长发育极不一致有密切关系。现在生产上采用的大樱桃砧木，即使是采用无性繁殖的，在嫁接大樱桃品种后，由于不亲和、愈合差等各种原因，加之砧木本身适应性差，植株生长发育参差不齐。定植建园后，更是旺的旺、弱的弱，大小差异极其悬殊。采用播种繁殖的砧木更严重，未嫁接前的实生砧苗即高高低低，很不整齐。

建园时，选择整齐一致的苗木，加强土肥水管理，可在一定程度上保证植株整齐度。

（5）固地性差　目前，生产上采用的大樱桃砧木普遍根系分布较浅，根脆弱，强度低，不抗风。刮风下雨后易引起倒伏，即便不倒伏，也会在树干周围晃出缝隙，进水后极易引起死树，而且雨后因风倒伏的树不可立即扶正，否则会因土壤含水量高，扶树过程中泥浆变得黏稠，引起窒息死根，树势衰弱甚至死亡。应在土壤干爽后再扶起固定。树周围晃出的缝隙，要用干土填满，干爽后即可固定，切不可原土踏实加固，否则会引起根窒息死亡。

3. 今后的发展方向

从长远角度来看，要想解决上述这些制约大樱桃生产发展的问题，采取多种措施培育综合性状优良的新砧木类型是根本的途径。也可以采用组织培养方法繁育苗，采取大樱桃自根苗建园。

三、栽植

（一）栽植前的准备

大樱桃对生态条件的要求较高，其不抗寒、不抗旱、不耐涝、不耐盐碱，喜光性强，易遭冻害，根系分布浅，遇大风易倒伏，易感染根癌病等核果类易感病害，而且果实不耐储运。因此，应选择土壤比较肥沃、土层较深厚、中性或微酸性的壤土及沙壤土，选择地下水位低、排水良好、不积晚霜、风害轻，并有排水和灌溉条件、交通方便的地方建园。地下水位高的园块，适合平面台式栽培。大樱桃适宜种植于丘陵和平原不易积水的地区，低洼地易受低温、积水等危害，不宜种植。

较理想的大樱桃园地块应地势平坦或稍有坡度。平原地区的土地稍加平整即可，山坡、丘陵地必须修筑梯田，地形较复杂的地区修筑复式梯田为宜。每公顷施入腐熟土杂肥45～75吨，翻耕，耙平待用。

一般在栽树前3～5个月挖好定植穴、沟。如果临近栽树时挖掘，时间太紧张，往往达不到质量要求，影响栽植。一般情况下，定植穴深60～80厘米，直径（或边长）为80～100厘米。株行距小于2米的可顺行挖定植沟。挖掘时，表土和底土要分开放置，将表土与基肥混合，回填至距离地面20厘米处，每穴施有机肥50千克。有灌溉条件的果园，要灌水沉实沟、穴内的回填虚土，以免栽后树苗下沉，出现埋干现象，影响树体发育。

（二）苗木标准

不论是自育还是购入的苗木，在栽植前一定要核对品种，并将苗木按大小分级，大的栽在一起，小的栽在一起，混杂、畸形或不符合生产要求的苗剔除。合格的大樱桃苗应根系完整，须根发达，粗度5毫米以上的大根应有6条以上、长度20厘米以上，不劈、不裂、不干缩失水，无病虫害；枝条粗壮，节间较短而均匀，芽眼饱满，不破皮掉芽，皮色光亮，具本品种典型色泽；苗高为1.2～1.5米；嫁接口愈合良好。

目前，很多果农在认识上还存在误区，即认为苗木太大，饱满芽集中在中上部，定干处芽瘪；认为中下部芽饱满的50～60厘米高的小苗栽后，加大肥水也能长好。事实上，选择苗木粗大、根系发达的优质大苗栽植，虽萌芽稍晚，但缓苗后，由于苗大、根好，萌发长枝多，长势旺。

栽植前，对经过越冬假植或外地购入的苗浸水泡12小时。浸泡时可在栽植地块附近挖坑铺聚氯乙烯棚膜，将苗解捆平放入坑中，注水将苗全部淹没，若有池塘、水库等更佳，直接将苗整捆沉入水中浸泡12小时即可。苗木完全浸入水中比只浸根部效果要好，吸水迅速而充足，定植成活率高。另外，不论是自育苗还是购入的苗木，栽植前都要用K84（也称根癌灵）调成糊状蘸根。

苗木浸水后捞出，将大根进行修剪，剪去劈裂、损伤破皮部分，受病虫为害的根剪至露新鲜白茬，其他无损伤根仅在先端剪去毛茬即可。经过修剪的根，伤口平滑，根组织新鲜有活力，愈合快，发根力强，利于成活且缩短苗期。若栽前不进行根系修剪，毛茬、伤口处极易腐烂，引起大根局部坏死，影响发根，苗木成活差，缓苗慢。对此，可用50～100毫克/升的IBA（吲哚丁酸）溶液浸泡根系6小时再栽植，能显著促进发根，提高成活率。

（三）栽植时期

一般分为春、秋2季定植。南方可以秋植，在落叶后进行，为11月中下旬。北方冬天低温、多风、干旱，容易将苗木抽干，所以适合于春季定植，一般在土壤解冻后至苗木萌动前进行，在3月中旬～4月初开始。

（四）栽植方法

将苗木放在定植穴内，使根系舒展，培土并轻轻提苗，最后踏实培土。栽植深度以苗木在苗圃时的深度为宜，注意嫁接口要略高出地面。矮化砧木要露出一半，自根砧苗的接口也应露出地面 5 厘米以上。栽植后灌水，待水渗后培土盖地膜保墒。

大樱桃根系浅、主根少、侧根多、不耐涝。平原地下水位高的地方，提倡起垄栽培。除挖定植沟改良土壤外，将行间的表层土、中层土与充分腐熟的有机肥（占总体积的30%）混匀，堆积起垄，垄高不低于 20 厘米，垄宽80 ～ 120 厘米，将苗木定植在垄上。起垄栽培，同时在垄边缘修成灌水沟，既可以防涝，又方便灌水，增加土壤透气性，促进吸收根大量发生，有利于树体矮化紧凑，易开花、结果早，还有利于果园管理和更新。

干旱的丘陵山地提倡深栽浅埋法，与常规方法不同的是，苗木栽植较深，嫁接口在地表以下，树盘凹成锅底形，以利于积水、积雪。但要注意防淤，以免因埋土过深，影响幼树生长。

（五）栽植密度

栽植密度的确定常取决于品种、砧木类型、土壤肥力、整形修剪方式和管理水平等。为了合理利用土地，充分利用光能，提高早期产量和增强植株群体抗风能力，新建樱桃园宜采用宽行密植栽培的方式，大行距、小株距。增加行宽主要是为了防止果园郁闭，改善光照条件，提高果实品质，便于树体管理，有利于机械化操作，省工省力。合理密植组成丰产群体，可以增加单位土地面积上叶片数量与总叶面积，最大限度地利用光能，提高单位面积的产量，同时便于操作管理。其栽植密度，乔砧苗木株行距以（2.5 ～ 3）米×（4.5 ～ 5）米为宜，矮化砧苗木株行距以（1.5 ～ 3）米×（3 ～ 4.5）米为宜。前期树小行距大，为避免浪费土地，增加经济收入，行间可以间作经济作物。

（六）授粉品种的配置

目前，生产上应用的大樱桃品种除斯坦勒、拉宾斯、意大利早红等极少数的几个品种可以自花结实外，绝大多数品种均为自花不实，必须配置授粉树，以提高坐果率。即使是可以自花结实的品种，配置授粉树后，也可明显提高产量和果实品质。

由于大樱桃果品价格一直比较高，生产上一般不配置纯粹的授粉树，多是几个品种混栽互为授粉树。与其他果树配置授粉树的要求类似，大樱桃互为授粉树的几个品种间也必须具备以下条件：花期一致、花粉量大且生命力强、互相授粉亲和性强。由于大樱桃花药小，花粉量较少，故栽植时不宜采取中心式，最好2～3个品种间隔栽，每2～3行一个品种。同一品种不宜连栽3行以上，否则易导致授粉不充分。只有配置足量的授粉树，才能满足授粉、受精的需要。实践证明，授粉品种最低不能少于30%。当然，为了便于生产管理，品种也不可过多过杂，栽植过于混乱。丘陵梯田的大樱桃园采用阶段式配置授粉树，即在行内每隔两株主栽品种栽植一株授粉品种。

（七）定植后第一年管理关键技术

大樱桃定植后第一年的管理至关重要，是后期各个管理环节的重要基础，直接影响着果园的用工量和经济投入。

1. 灌水

苗木栽植后，以主干为中心培成浅土盘，每株灌水25～50千克，待水分完全渗透后再行培土，以保持水分和防止树盘土壤板结，为了提高成活率及促使枝条快速生长，一般每隔10～15天灌1次水，连续2～3次，之后视墒情及时灌水，灌水可结合追肥进行。

2. 覆膜

苗木定植后，可在树盘覆盖地膜。这在没有灌水条件的地区，对提高栽植成活率、缩短缓苗期和加速幼树生长等方面都有显著作用。在覆膜时要注意：先整地耙平，拣出石块或树枝，使树盘稍微隆起。为防止膜下生草，覆膜前，往地面上喷施除草剂，注意勿使除草剂接触枝芽。然后平铺地膜，四周用土压实，防止被风刮起，在其上戳几个小孔，以利于雨水下渗及散热通气。

3. 定干

定植后，应立即定干。苗木中部的芽比梢部和基部的芽饱满，以剪口下选留 4 ～ 6 个饱满芽为原则，以利于萌发成长枝。一般，平原地定干高度为 60 ～ 70 厘米，丘陵地为 50 ～ 60 厘米。具体定干高度应根据苗木高度、品种生长势、土壤类型、树形等灵活掌握。定干时剪口以芽上方 1 厘米左右为宜，过短或过长均不利于剪口下第一芽的生长。定干后为防止枝条抽干或病菌侵染，应在剪口上涂油漆或防腐杀菌剂等保护剂。

4. 防止芽体损伤

为防止定植后风刮摇动或野兔啃食，定干后将树干套上 1 个纸筒或塑膜筒，同时可减少苗木蒸发失水，提高成活率，又可防止金龟子啃食嫩芽，但萌芽后要将其撕破，3 ～ 5 天后除去。

5. 补栽

建园时一般在行间或株间多定植 5% ～ 10% 的预备苗，与正常定植的苗木一起定干，培养树形。苗木展叶后，随时检查苗木成活情况，对未成活株及时补栽。

6. 嫩枝开张角度

萌发新梢后，在枝条木质化前及时开张角度，可以加速整形，提早结果。拉枝角度一般为 70°～80°，然后用牙签支撑或夹子固定，注意不能拉成弓形，以免弓背处冒条。

7. 越冬防寒

（1）灌封冻水　结合果园耕翻、施肥，在土壤封冻前，采取全园或树盘大水漫灌的方式，一次灌足灌透果园封冻水，并及时划锄保墒。

（2）树干涂白　科学配制涂白剂，对枝干进行涂白防护。涂白剂配比为生石灰 10 份、硫黄粉 2 份、食盐 1 份、植物油 0.1 份、清水 20 份。

配制方法是：先将按配比称量的石灰、食盐分别用水化开并混合均匀，再加入相应比例的硫黄粉、植物油搅匀。将配制好的涂白剂均匀周密地涂刷于主干和主枝基部。

（3）基部培土　土壤封冻前，在树体主干基部培土，厚 20～30 厘米，翌年春天化冻后撤除。或用作物秸秆、厩肥等有机物覆盖树盘，厚 10～15 厘米，以增加土壤温度和保持土壤湿度。为应对极端冷冻天气，越冬前用草绳缠绕主干，或用稻草、麦秸等包裹主干，并在翌年春季气温回升后解除草绳并集中烧毁，既可有效地防止寒流侵袭，还能减少越冬虫源。也可用塑料薄膜将树体主、侧枝缠绕，并覆膜于树盘下，可提高地温，减少水分蒸发，提高树体抗寒越冬能力。

（4）营造防护林及建防风障　营造乔灌木结合的紧密结构型防护林是防止果树发生冻害很好的保护措施。此外，利用玉米、高粱等作物秸秆，在果园风口处设立风障，可有效减轻冻害。

第四章

土肥水管理技术

一、土壤管理

（一）土壤管理的重要性

土壤是大樱桃生存的根本，合理的土壤管理、施肥和灌水是省工高效生产的重要保障。如何改良土壤，保持良好的土壤结构和理化性状，是大樱桃园综合管理的首要环节。良好的土壤结构、合理的肥料供应和平稳的水分条件是大樱桃生长发育、早实丰产的重要条件。

（二）改良土壤

目前，大樱桃园土壤有机质含量普遍较低，大多不足1%，土壤团粒结构差，易出现板结、沙化等不利现象。有些大樱桃园土壤盐分含量高，pH值过高；还有相当一部分樱桃园土壤酸化严重，pH值过低。若不加以改良，均难保证大樱桃植株良好地生长发育。

1. 深翻熟化

深翻要结合施入生物有机肥、充分腐熟农家肥或埋入作物秸秆等。山区、丘陵地果园，土层较薄，土壤质地较粗，保肥蓄水能力差，活土层以下是半风化的母岩（酥石硼），大樱桃根系向深层土地生长困难，易形成小老树。经过深翻后，可以显著加厚活土层，促进"酥石硼"熟化，使根系得以下扎，增强其抗旱能力，植株生长发育良好。

生产实践中发现，山区果园深翻后，植株根系在30～40厘米土层中的量可达80%以上，水平分布广而均匀，细根量显著增加，表现出强的吸收功能。枝梢生长量大，枝粗叶厚，形成花芽多，坐果好，品质优。

平原冲积、洪积或滩涂土壤大樱桃园进行深翻，可以打破底层的黏板层，有利于改善土壤通气、排水状况，减少根系窒息现象，在防止新梢黄叶、减少早期落叶方面具有显著效果。

大樱桃园土壤深翻可在3个时期进行，即春、夏、秋。春季深翻在开春撒施有机肥后进行，此次翻动宜浅，春季干旱、风大地区不宜进行，以免引起土壤失水过多。黏重土宜春翻，以提高地温。夏季深翻在施完采果肥以后进行，此时雨季发根高峰尚未到来，深翻后促进发根，并增加山区、丘陵地雨季蓄水量，有利于抵抗秋旱。秋季深翻一般在8月下旬至9月份进行，结合秋施基肥，翻得深度宜稍深些，此时正值秋季发根高峰，环境条件适于根系大量发生，深翻时切断的根愈合能力强。发出的根功能强，利于树体吸收大量养分，提高储备水平。

大樱桃园深翻改土过程中一定要注意保护大的根，粗度在1厘米以上的根切断后伤口不易愈合，大的伤口也易感染根癌病。

2. 中耕松土

大樱桃对土壤水分很敏感，既不抗旱，同时又要保持土壤通气良好。因此，要求灌水后或雨后一定要中耕松土。一方面可以切断土壤毛细管，保蓄水分，另一方面可以消灭杂草，减少杂草对水分的竞争，改善土壤通气条件。中耕深度以10厘米左右为宜，中耕次数视灌水和降雨情况而定。

最近几年，有些地区的大樱桃园，在每年的夏秋季节樱桃树即出现大面积的黄化落叶现象，主要原因一方面是杀菌剂喷施不及时或没有对症用药，还有一个原因就是土壤管理欠缺。由于6～7月雨水多，土壤湿度大，8～9月干旱，造成土壤板结，缺乏氧气，根系生长受阻，树势衰弱，叶片、叶柄产生离层，即导致叶片黄化脱落。这种现象在低洼地、黏重土壤上发生得严重。因此，适时中耕松土与及时排灌非常重要。

3. 客土

在大樱桃园土壤过于贫瘠、过于黏重或土层过浅时，客土是有效的改良土壤方法。生产上最有效的客土方法即压土。尤其在山岭薄地、沙质贫瘠的大樱桃园，压土具有"以土代肥"的良好作用。若压含有某些矿物的土则肥效更好。河滩沙地压土以压较黏重土为宜，结合增施有机肥，提高土壤保肥持水能力。黏重土壤则宜压粗骨沙土，以提高其通透性。

压土时间一年四季均可，但一般安排在冬闲时进行。而且冬季压土土壤风化、沉实时间较长，利于来年春天的生产管理。

果园压土前，一定要先刨一下，保证新压土和原土层融合在一起，上下没有间隔。如果不预先刨松，硬土层压土后上下两层皮，新压土中没有根系，起不到压土作用。压较黏重土壤时，还易形成硬盖，严重阻碍下层土通气、透水，引起根系窒息，地上表现黄叶、早落叶、枝条细、焦梢等。

压土量以山丘地一次不超过15厘米、沙地一次不超过10厘米为宜，每公顷压土量为300～375吨。若一次压土过厚，会影响根系呼吸，往往造成烂根，引起树势衰弱，严重时造成死树。一次压土效果可持续3年左右，之后可再行压土。

4. 盐碱地改良

沿海地区气候条件较适于大樱桃生长发育，但土壤往往存在不同程度的盐碱化，若不经改良，难以保证大樱桃植株良好的生长发育。盐碱地改良可从以下方面入手：定植前挖沟，沟内铺20～30厘米厚的作物秸秆，形成一个隔离缓冲带，既防止底部土壤盐分上升，又可防止种植层土壤养分流失。同时大量增施有机肥，可以有效降低土壤 pH 值。勤中耕，切断土壤毛细管，减少土壤水分蒸发，从而减少盐分在表土上的积聚。采用地面覆盖或种植绿肥等，均可有效改良盐碱土壤。

（三）地面覆盖

1. 果园覆草

覆草最宜在山岭地、沙壤地、土层浅的大樱桃园进行。黏重土壤不宜覆草，否则会使土壤长期湿度过大，引起烂根、早期落叶甚至死树。覆盖材料因地制宜，秸秆、杂草均可。

覆草可以保水防旱，保持土温稳定，减少水土流失。草腐烂后还可有效增加表土中的有机质含量，改善土壤结构。据调查，如果每公顷每年有 7.5 吨干草残留在 10 厘米左右深的土层中，连续 5 年可使表层土壤有机质含量由 0.7% 上升到 2%。

覆草前，要先修整树盘，浇一遍水并稍加划锄，使表土呈疏松状态。如果覆的草为未经腐熟的草，要先追一次速效氮肥，以补充草腐熟过程中微生物早期自身繁殖所需，避免引起土壤短期脱氮，引起叶片黄化。覆草厚度以常年保持在 15～20 厘米为宜。覆草过薄，起不到保温、增湿、灭杂草的作用，过厚则易使早春土温上升慢，不利于根系活动。

大樱桃覆草除雨季外，常年可进行。覆草要注意必须持续进行，绝不可今年覆草明年扒掉，或春天覆秋天埋。否则刚刚养好的表层根又遭破坏，极易引起树势衰弱。冬季较寒冷的地区在深秋覆一次草，可保护根系安全越冬。连续覆草 4～5 年后可有计划地深翻，每次翻树盘 1/5 左右，可以促进根系更新。覆草果园要注意防火、防风刮，可在草上适当压石块、木棒等，亦可零星压土。

2. 覆盖地膜

覆盖地膜常用在栽苗期和温室樱桃升温至采收期。栽苗期地面覆地膜的目的是提高地温，保持土壤水分，以利于苗木成活；升温至采收期覆地膜的目的是提高地温，降低棚内空气湿度，减少病虫害发生及防止裂果。生产上，不少管理精细的露地樱桃园也进行地膜覆盖，目的是增温、保湿、抑制杂草生长。

覆盖地膜应在中耕松土后进行，否则会因土壤含水量过多，土壤透气性降低而引起根系腐烂。为了保证根系的正常呼吸和地膜下二氧化碳气体的排放，地膜覆盖带不能过宽，降雨后注意开口放水。为提高覆膜后土壤透气性，在膜下覆草是最好的办法。

覆盖地膜时，还要根据不同的目的而选择使用不同类型的地膜。无色透明地膜不仅能很好地保持土壤水分，而且透光率高，增温效果好。黑色地膜比较厚，阳光透射率在10%以下，反射率为5.5%，因而可杀死地膜下的杂草。其增温效果不如透明膜好，但保温效果好，在高温季节和草多地区多使用此种地膜。银色反光膜具有隔热和反射阳光的作用，其光反射率达81.5%～91.5%，几乎不透光，因此，在夏季可降低一定的地温，也有抑草作用，但主要是利用其反光的特性，在果实即将着色前覆盖，以增加树冠内部光照，使果实着色好，提高果实品质。可控光降解膜是在树脂中加入光降解剂，当日照积累到一定数值时，会使地膜高分子结构突然降解，成为小碎片或粉末状，不需回收旧膜，防止了土壤污染，其增温、保墒效果与透明膜接近。

3. 铺设园艺地布

园艺地布是由聚乙烯窄条编织而成的，具有重量轻、透水、透气、耐腐蚀、抗日晒、易清洗、经久耐用等特点，是目前园艺生产中推广的一种新型材料。在樱桃园应用园艺地布（图4-1）有以下作用。

（1）保水作用 地布覆盖防

图4-1 铺园艺地布

止土壤水分蒸发，起到了保墒保湿的作用。利于树体生长结果，减少灌溉用水次数和灌水量，节省人力和资金投入。

（2）保肥作用　减少养分流失，提高肥料利用率（尤其是氮素营养）。减少了蒸发、径流和渗漏损失，相对减少肥料施用量。

（3）减轻裂果损失　大樱桃果实在土壤含水量骤变的情况下，易发生裂果，给生产造成极大损失，通过铺设园艺地布可保持相对稳定的土壤含水量（80% 左右），可有效预防和减轻裂果发生。

（4）提高产量　大樱桃园铺设园艺地布后，肥料利用率大大提高，同时，水分得到保证，单果重和产量必然增加。

（5）控制樱桃园杂草　大樱桃园杂草除消耗土壤养分外，严重时影响生长结果和滋生病虫害，每年园内除草需要大量人力、物力，使用园艺地布可以阻止阳光直射地面，因其具有坚固的结构能阻止杂草穿过地布，从而保证了地布对杂草生长的抑制作用。

（6）降低生产成本　樱桃园一般一年需人工除草 4 ～ 5 次，每亩需人工费 300 ～ 500 元；使用化学除草剂两次，再补充一次人工除草，每亩费用约 300 元。园艺地布每平方米 0.6 ～ 1.5 元，樱桃园一般只需覆盖 1/3 ～ 1/2，每亩成本 400 ～ 500 元，一次覆盖可持续使用 3 ～ 4 年，每亩每年成本 150 ～ 200 元，比人工除草和化学除草节省费用 100 ～ 350 元。

（7）防止水土流失　山坡地樱桃园容易受降雨冲刷影响形成地面径流，而铺设园艺地布可避免雨水对土壤直接冲刷，减少水土流失。

（四）种植绿肥及行间生草

1. 种植绿肥

幼龄大樱桃园可进行行间间种。但间作物必须为矮秆、浅根、生育期短、需肥水较少且主要需肥水期与大樱桃植株生长发育的关键时期错开，不与大樱桃共有危险性病虫害或互为居间寄主。最好不间作秋菜，以免加重大青叶蝉为害及引起大樱桃幼树贪青。最适宜的间作物为绿肥，可以翻压，增加土壤有机质含量。

我国常见绿肥作物种类繁多，达40余种，可因地制宜加以利用。常用的有沙打旺、紫穗槐、苜蓿、草木樨等，除紫穗槐不能在园内间种外，其余均可在幼树行间间作，生长季可刈割覆于树盘，亦可翻压。

2. 行间生草

成龄大樱桃园亦可采取生草制，即在行间、株间树盘外的区域种草，树盘清耕或覆草。所选草类以禾本科、豆科为宜。但由于所播草类生长发育需大量水分，因此，实行生草制的大樱桃园必须有方便的灌水条件，并在草及大樱桃树生长发育的关键时期及时补肥、浇水，及时刈割覆于树盘，割后保留10厘米高草茬。长期生草后易使土壤板结，通气不良。草根大量集中于表层土，争夺养分、水分，使果树表层根发育不良，因此几年后宜翻耕休闲一次。

也可采取前期清耕、后期种植覆盖作物的方法，即在大樱桃需水、肥较多的生长季前期实行果园清耕，进入雨季种植绿肥作物，至其花期耕翻压入土中，使其迅速腐烂，增加土壤有机质。这种方法既具有清耕法利于树体早期生长发育的优点，后期绿肥作物又可吸收多余水分，防止大樱桃树贪青徒长，且可增加土壤有机质，因此是一种较好的土壤管理方法，在夏季雨水集中的北方地区值得采用。

二、施肥管理

大樱桃树的萌芽、展叶、开花、坐果、果实发育、新梢速长期都集中在生长季节的前半期，即4～6月份。而花芽分化则集中在果实发育至采收后的短期内。越冬以前树体营养状况的好坏，直接影响开花、坐果、树体发育，所以萌芽至采收前的追肥很重要。花芽分化前1个月适当追施氮肥，能够促进花芽分化和提高花芽发育速度。秋施基肥，尽可能当年发挥肥效，增加树体营养储备至关重要。大樱桃对氮、钾的需求量较多，且数量相近，对磷的需求量相对要低得多。氮、磷、钾的施用比例为10：2：（10～12），具体情况根据土壤养分的测定，适当调整氮、磷、钾的施肥比例。

施肥以有机肥为主，化肥为辅，保持或增加土壤肥力及土壤微生物活性，提倡根据叶分析和土壤分析进行配方施肥。所施用的肥料不应对果园环境和果实品质产生不良影响。

（一）配方施肥技术

配方施肥技术是以肥料试验和叶片分析（或土壤分析）为基础，根据大樱桃需肥规律、肥料供肥性能和肥料效应，在合理施用有机肥料的基础上，提出氮、磷、钾及中、微量元素等肥料的比例、适宜用量、施肥时期以及相应的施肥技术。配方施肥技术的核心是调节和解决大樱桃需肥与供肥之间的矛盾，同时有针对性地补充大樱桃生长发育所需的营养元素，缺什么元素就补充什么元素，需要多少补多少，实现各种养分平衡供应，是实现简化、省工、高效优质生产目标的一种施肥技术。

（二）大樱桃树体矿质营养诊断标准

大樱桃树体矿质营养状况可根据其叶片分析、土壤分析和树体形态表现来确定。以叶片营养成分分析结合植株形态表现判定某一元素的含量水平，较为科学和准确。大樱桃树体在周年不同时期某一营养成分的含量差别较大，在生长季的早期，通常氮、磷、钾的含量较高，镁的含量较低，锌则先高后低，9月又增高。为了使分析资料具有可比性，各国通常规定取样的时间为每年夏天的中期。人们对大樱桃对某些元素的要求已有较深入的研究，并设定了较准确的含量标准，相反，对另外一些元素的研究并不完全，所以，现在提出的某些指标只有参考价值，并且不同来源的资料所确定的营养标准可能有一定的差异。

树体生长需要碳、氢、氧、氮、磷、钾、钙、镁、硫、硼、铜、铁、锰、钼、锌、氯 16 种营养元素。其中，氮、磷、钾称为大量营养元素，钙、镁、硫称为中量营养元素，硼、铜、铁、锰、钼、锌、氯称为微量营养元素。在大樱桃生长发育过程中影响较大的、需要重视的主要有以下几种。

（1）氮　氮元素是果树必需矿质元素中的核心元素，是构成细胞原生质、核酸、磷脂、酶等的重要组成成分，氮肥能够促进营养生长，延迟衰老，提高叶片的光合速率，促进花芽分化，提高坐果率，增加平均单果重，提高产量。

据研究，大樱桃叶片氮的适宜含量为 2.33% ～ 3.27%。幼树的含量可高于 3.4%，这样有利于树冠的快速扩大。成龄树则不宜超过 3.4%。绝大部分樱桃园都不能提供足量的氮以保证幼树的快速生长和结果树的丰产、稳产，必须依靠施用氮肥来实现以上目的。氮素过量，会导致枝条徒长，新梢基部和内膛叶黄落，小枝枯死，长势过旺，反而不利于花芽形成，并推迟果实成熟，落果加重，延迟红色品种果实着色，降低果实硬度与耐储性，降低树体的抗病性、抗寒性等，干腐病、木腐病、流胶病等也随之加重。氮素不足时，枝条短、树势弱、树冠扩大慢，较早形成大量的花束状短果枝和花芽。由于树冠小、坐果率低和果实小，所以产量低、效益差，树体寿命短。缺氮的树叶片呈淡绿色，在生长季后期可能变为浅红色。基部老叶最先表现缺氮症状，而严重缺氮的树所有的叶片都会受到影响。受影响的叶变小且提前落叶，果实变小且提前成熟。

我国果园的土壤肥力水平较低，故氮素施用量大。一般，丰产樱桃园每年在秋天每公顷施 60 ～ 80 吨厩肥，其含氮量以 0.3% 计，约折合 180 千克 / 公顷。萌芽前、果实膨大期和采收后分 3 次追施速效化肥，纯氮约为 138 千克 / 公顷，萌芽前施肥量占 1/2，另两次各占 1/4。有机氮肥和无机氮肥合计约为 318 千克 / 公顷。樱桃树体表现缺氮时，常采用叶面喷施尿素的方法，有一定的增产效果，但樱桃叶片容易受到尿素中缩二脲的危害，故在叶面喷肥时不应喷高浓度的尿素。

（2）磷 磷元素能够促进氮素的吸收，促进花芽分化和种子发育，提高坐果率，促进光合作用及新根生长，还能促进钾的吸收，改善果实品质，提高树体抗旱和抗寒能力。

大樱桃叶片的适宜磷含量为 0.23% ～ 0.32%，0.08% 是缺乏磷的临界指标。大樱桃磷过量，会出现营养生长停止、叶片过小、丛枝状、叶脆、过分早熟、低产等现象。大量施用磷肥，将诱发锌、铁、镁的缺乏症。大樱桃缺磷所表现的症状为叶片由暗绿色转为铜绿色，严重时为紫色，较老叶片窄小，近叶缘处向外卷曲，早期脱落，花芽分化不良，花少，坐果率低。显示磷素缺乏的最明显特征是施用磷肥后，植株生长加快，枝条变粗，产量增加。

土壤中，磷素过量会抑制树体对氮素和钾素的吸收，并使土壤和树体内的铁活化性降低及锌素缺乏，影响树体生长发育，降低产量。对于缺磷的樱桃园，施用磷肥是实现丰产、稳产的必要措施。一般，在施基肥时将过磷酸钙（每公顷施用量约 450 千克）掺于有机肥中沟施即可，果园行间长草有利于增加土壤磷素的供应。

（3）钾 钾元素是果树生长发育不可缺少的元素，能够促进果实生长和成熟，提高果实品质和耐储性，增强抗逆性。钾素参与糖和淀粉的合成、运输和转化，促进光合作用，提高树体和果实中蛋白质含量，促进果实中的淀粉向糖转化，有利于果实含糖量提高，并促使果实提早成熟，能增加树体内糖的储备和细胞渗透压，提高花芽质量和抗旱性、抗寒能力，能够有效地提高表皮纤维素含量，进而提高树体和果实的抗病虫害能力。

大樱桃叶片的适宜钾含量为 1.0% ～ 1.92%，低于 1.0% 即显示缺乏。世界上绝大部分樱桃园的土壤均不能提供足量的钾，所以施肥是大樱桃不可缺少的增产和提高品质的措施。钾素过量，会抑制氮、镁、钙的吸收，大樱桃营养生长受阻，会出现镁、钙的缺乏症。缺钾的樱桃叶片边缘向上卷曲，严重时呈筒状或船状，叶背面变成赤褐色，叶缘最终坏死或呈黄褐色焦枯状。另外，枝条较短，叶片变小，严重时提前落叶。大量结果的树缺钾症状更为严重，因为果实积累了相当量的钾。

一般，樱桃园每年钾（氧化钾）的施用量为每公顷 100 ～ 200 千克，即相当于每公顷施用 185 ～ 370 千克硫酸钾。一般，施钾后一年内大樱桃缺钾的症状消失。严重缺钾的植株可于花后叶面喷施硝酸钾或磷酸二氢钾，能起到快速补肥的作用。

当樱桃植株同时缺磷和钾时，可以施用磷钾动力（含五氧化二磷 ≥ 52%，氧化钾 ≥ 34%），对植株安全，吸收率高，可补充磷、钾营养，提高叶片光合效率，促进生长和结实，提高抗逆性能，增加果实着色，改善果实品质。叶面喷施用 800 ～ 1500 倍液，冲施每次每亩 2 ～ 5 千克。

（4）钙　钙元素对各营养元素生理活性起着平衡作用，能降低钾、钠、锰等的毒害作用。

大樱桃叶片的适宜钙含量为 1.62% ～ 3.0%。大樱桃缺钙在文献中很少有报道。钙素过量将导致土壤 pH 值升高，使铁、锰、锌、硼等转化为不溶性物质。土壤钙素过量，土壤板结，易导致树体缺铁、锌、硼、锰。大樱桃缺钙时，先从幼叶表现出症状，叶尖及叶缘干枯，叶片上有淡淡的褐色和黄色标记，叶可能变成有很多洞的网架状，枝条生长受阻。一般来说，每千克大樱桃新鲜果肉含钙 120 毫克。果实中的钙含量与由降雨引起的裂果的敏感性有关，钙含量高者裂果率较低。为此，需在落花后至果实成熟前叶面喷施 3 次果蔬钙肥（糖醇螯合钙）1000 倍液，可以起到明显的抗裂果作用，同时提高果实硬度，增加果实含糖量，使果实提早 5 ～ 7 天成熟，延缓叶片衰老。施基肥时，粪肥中掺入过磷酸钙，也可提供钙元素。

（5）镁　镁元素既能促进叶绿素的形成，提高光合效率，又能促进碳水化合物的代谢，参与脂肪和氮的代谢，促进果树的生长发育，提高品质。

大樱桃叶片的适宜镁含量为 0.49% ～ 0.9%。大樱桃缺镁在文献中也少有报道。缺镁的症状包括叶脉间失绿褐化和坏死，这些症状首先在老叶上出现。褐化从叶中间开始朝着叶缘发展，严重受影响的叶片将提前脱落。幼嫩组织的发育受到影响，生长缓慢，植株矮小。新梢、嫩枝细长，抗寒力明显降低，抑制开花，果小且品质差。幼树镁含量低于 0.24% 时，则出现缺镁症状。钾含量很高的大樱桃园容易缺镁。

以马扎德为砧木的植株，易发生缺镁症状。沙质土壤中和酸性土壤中镁素流失快。磷、钾过量也易导致植株缺镁。

（6）锌　锌元素是某些酶的组成成分，锌在植物中不能移动。

大樱桃叶片的适宜锌含量为 15 ～ 50 毫克 / 千克。叶片锌含量低于 10 毫克 / 千克将出现缺锌症状。大樱桃缺锌症状首先出现在幼嫩叶片上和其他幼嫩植物学器官上。缺锌可导致果树生长受到抑制，早春发芽晚，新梢节间极短。叶片狭小、质脆、小叶簇生，俗称"小叶病"。严重时，从基部向顶端逐渐落叶。影响花芽分化，花小，不易坐果。果小且畸形，品质差。幼树根系发育不良，老树出现根系腐烂现象。因此，可于萌芽期或果实采收后喷施禾丰锌（英国生产）3000 ～ 6000 倍液，也可土施禾丰颗粒锌（美国进口，纯锌 ≥ 34.5%），每株 5 ～ 10 克，与复合肥一起施用，都可有效消除缺锌症状。丰利惠锌（美国生产，锌 ≥ 100 克 / 升），在果实采收后喷施 2 ～ 3 次，1000 ～ 1200 倍液，可解决小叶、早衰、黄叶等问题，同时可以钝化病毒，对治疗病毒病有良好的辅助作用。

沙地、瘠薄山地土壤含锌少且易流失，碱性土壤中锌易转化成不溶性物质，不易被植物吸收。磷过量会抑制树体对锌的吸收。土壤通透性不良，根吸收锌的能力也会减弱。

（7）铁　铁元素影响植物体内叶绿素的合成等，并影响包括氮素代谢、有机酸代谢、碳水化合物代谢等许多生理过程。

大樱桃叶片的适宜铁含量为 119 ～ 250 毫克 / 千克。几乎所有的樱桃产区铁的供应量都不足，尤其是干旱地区。在碱性土壤（pH

值＞7.0）上植株表现缺铁症状是很普遍的，而以排水不良的果园最为严重。缺铁大樱桃幼树的叶脉间组织失绿变为亮黄色，而叶脉仍维持绿色，枝条顶部的叶片首先失绿，逐渐向下扩展直至基部老叶。当植株缺铁时，叶片喷施0.3%的硫酸亚铁或其他的含铁螯合物可有效缓解其症状。硫酸亚铁直接施入土壤中效果不理想，将其掺入粪肥中再施入土壤，可提高铁的利用率，其施用量为15～30千克/公顷。施用酸性有机肥，改善园地的排水系统，可提高土壤中铁元素的有效性。

（8）硼　硼元素能促进花粉萌发和花粉管的生长和伸长，有利于花粉粒形成和花粉受精，促进碳水化合物的运输和代谢，提高果实品质，促进根的发育，增强根的吸收能力。

大樱桃叶片的适宜硼含量为25～60毫克/千克。大樱桃对硼元素的缺乏和过量非常敏感。叶片硼含量在80毫克/千克以上时视为不正常的高含量，而高于140毫克/千克将出现明显的中毒症状，中毒植株小枝从上向下流胶，随后死亡。严重的可引起大枝和主干流胶，叶片形状和大小正常，但组织沿主脉逐渐坏死，花芽可能不发芽或者坐果少。大樱桃硼缺乏或过量的现象经常出现，当叶片硼含量低于20毫克/千克时，将出现明显的缺硼症状，主要表现为受精不良，造成大量落花、落果，畸形果增多，果面上出现数个木栓化硬斑的缩果病增加。缺硼时，可于樱桃花蕾期、花期喷施意大利进口的速效、速溶、浓缩聚合硼肥——禾丰硼1000～1200倍液，其特点是高含量、高纯度，纯硼≥21%，聚合硼酸钠盐含量大于99%，混配性好，水溶液接近中性，可与化学农药或叶面肥混合施用，减少施用成本。还可结合秋施基肥土施美国生产的新一代土壤专用颗粒硼肥——大粒硼，每株5～10克，可提高坐果率，减少缩果病、畸形果的发生。

（9）锰　适量的锰元素有利于提高大樱桃果实维生素C的含量，促进植物各项生理活动的正常进行。

大樱桃叶片的适宜锰含量为44～60毫克/千克。叶片中锰含量低于20毫克/千克时将出现缺锰症状，一些樱桃产区报道出现的缺锰症状是叶脉间失绿，与缺锌症状相似。失绿从叶缘开始，进一步向主脉发展。缺锰时产量和果实品质受到严重影响，果实变小、汁液少，但着色深、果肉变硬。在碱性土壤（pH＞7.0）上普遍表现出缺锰现象，因为锰在碱性土壤中有效性低，在辽宁大连地区的樱桃园，大多出现锰超标现象。

各种营养元素在树体生长发育过程中起着同等重要的作用，不能互相代替。

（三）大樱桃需肥特点

大樱桃在不同树龄和不同时期对肥料的需求不同。3年生以下的幼树，树体处于扩冠期，营养生长旺盛，这个时期对氮肥需要量多，应以施氮肥为主，辅助适量的磷肥，促使树冠的形成。4～6年生的初果幼树，营养生长与生殖生长均衡，促进其花芽分化是主要任务，因此，在施肥上要注意控氮、增磷、补钾。7年生以上树体进入盛果期，消耗营养较多，每年施肥量要增加，氮、磷、钾肥都需要，但在果实生长发育阶段要补充钾肥，以提高果实的产量与品质。

另外，根据大樱桃对肥料的需求规律，施肥要少量多次，可以使根系较好地吸收利用肥料；水肥并施，即每次施肥后必须辅以供水，有利于发挥肥效；地上地下结合施肥，充分发挥大樱桃叶大、叶密、适合叶面追肥的特点。做到五个结合，即有机肥与无机肥相结合、大量元素与中微量元素相结合、根际施肥与树上施肥相结合、施肥与灌水相结合、测土与叶片营养分析相结合，开展配方施肥和精准施肥，缺什么补什么，缺多少补多少，充分发挥肥料效果。

（四）大樱桃适宜的肥料种类

1. 有机肥

有机肥能够改良土壤，培肥地力，增加作物产量和提高农业产品品质，美国、日本、西欧等发达国家十分重视使用有机肥料，正在兴起"生态农业""有机农业"，并把有机肥料规定为生产绿色食品的主要肥源。

近年来，随着生活水平的提高，我国消费者对绿色食品的需求日益增加，加上相关部门的倡导和重视，无公害食品、绿色食品等生产发展加快。大樱桃种植业要持续稳定发展更是离不开有机肥料。

常用于大樱桃的有机肥主要包括：畜禽粪肥、厩肥、堆肥、沼气肥、秸秆、草木灰、饼肥、生物菌肥、生物有机肥等。

（1）畜禽粪肥 猪粪的养分含量比较丰富，氮、磷、钾含量高于牛粪和马粪，钙、镁含量低于牛粪、羊粪和马粪。碳氮比小，含有大量氨化细菌，易腐熟，能够增加土壤的保墒性能，后劲长，适用于各种土壤。

牛粪的养分含量是畜禽粪中最低的一种，特别是氮素含量很低，碳氮比大，达到25：1。含水量高，通气性差，腐熟慢，发酵温度低。对改良有机质少的轻质土壤效果好。

马粪中纤维素含量高，水分含量少，腐熟分解快，发热量大。对改良板结、黏重的土壤效果好。

羊粪是畜禽粪肥中养分含量最高的一种。腐熟过程中发热量大，发酵快，适用于各种土壤。

各种粪肥的养分平均含量见表4-1。

表 4-1 各种粪肥的养分平均含量

种类	含水量 /%	有机质 /%	氮 /%	五氧化二磷 /%	氧化钾 /%
猪粪	85	15	0.56	0.4	0.44
牛粪	83	15	0.32	0.25	0.15
马粪	76	20	0.55	0.3	0.24
羊粪	65	28	0.65	0.5	0.25

（2）厩肥 厩肥营养丰富，属完全性肥料。有机质含量占25%左右，氮素含量占0.5%，五氧化二磷含量占0.25%，氧化钾含量占0.6%。

厩肥当季利用率，氮为 10%～30%，磷的利用率高于化学磷肥，可达 30%～40%，钾的利用率达 60%～70%。

厩肥具有较好的供肥、保肥能力。施用厩肥，不但能提高土壤肥力，改善土壤理化环境，还能促进土壤难溶性磷的溶解，减少化学磷肥被土壤固定。

（3）堆肥　堆肥是利用秸秆、杂草等植物性材料与动物性有机废弃物，再加上泥土和矿物质混合堆积，在高温、多湿的条件下，经过发酵腐熟、微生物分解而制成的一种有机肥料。不仅能够提供营养元素，而且碳氮比较大，达（60～100）:1。能够大幅度提高土壤有机质含量，增加土壤微生物数量，提高土壤的通透性，尤其对改良沙土、黏土和盐渍土有较好的效果。

（4）沼气肥　在密封的沼气池中，有机物腐解产生沼气后的副产物包括沼气液和残渣，这是一种优质的有机肥，既有一定的速效性，也有良好的持效性。不仅含有极其丰富的果树生长所需的多种营养元素和大量的微生物代谢产物，而且含有抑菌和提高植物抗逆性的生长素、抗生素等有益物质。沼渣含氮、磷、钾等营养元素和有机质、腐殖酸，对土壤改良起到良好的作用。

（5）秸秆　秸秆含有丰富的养分。豆秸含氮 1.3%，五氧化二磷 0.3%，氧化钾 0.5%；玉米秸含氮 0.4%，五氧化二磷 0.4%，氧化钾 1.7%。秸秆可以为土壤固氮微生物提供能源，提高土壤微生物固氮量，并活化土壤潜在养分，促进土壤有机质的更新，提高土壤养分的有效性。地面覆盖秸秆或埋压秸秆对改善土壤有良好的作用。在建园时施用秸秆，可以为根系生长提供良好的生长环境，并缓解盐碱毒害作用。

（6）草木灰　草木灰为秸秆杂草等植物燃烧后的灰烬，含植物体所具有的多种矿质元素，其中含量最多的是钾元素，钾含量为 6%～12%，90% 以上的钾元素以碳酸盐形式存在，肥效好于化学钾肥。草木灰是一种养分齐全、肥效明显的无机农家肥。

（7）饼肥　饼肥为油料的种子经榨油后剩下的残渣，营养丰富。饼肥中含水 10% ～ 13%，有机质 75% ～ 85%，氮 1.1% ～ 6%，磷 0.4% ～ 3.0%，钾 0.9% ～ 2.1%，还有蛋白质、氨基酸等。饼肥可直接作肥料施用。饼肥的种类很多，北方主要有豆饼、菜籽饼、棉籽饼等，是含氮量较多的有机肥料。

饼肥既可作为基肥也可作为追肥施用。作基肥肥效期长，利用率高。饼肥施用时，要与厩肥或堆肥等混合施用，采取沟施的方法，每株施 3 ～ 5 千克，并与土壤混合均匀，防止饼肥在发酵分解过程中产生热量造成烧根。作追肥时，要充分腐熟，肥力低的土壤施用量可大些，反之则要少施。

（8）生物菌肥　生物菌肥亦称微生物肥，是一种活体制剂。主要有放线菌、固氮菌、芽孢杆菌、酵母菌、光合菌等。

微生物产生糖类物质，与植物黏液、矿物胶体和有机胶体结合，改善土壤团粒结构，并参与腐殖质形成。

（9）生物有机肥　生物有机肥指特定功能微生物与主要以动植物残体（如畜禽粪便、农作物秸秆等）为来源并经过无害化处理的腐熟的有机物料复合而成的一类兼具微生物肥料和有机肥效应的肥料。

生物有机肥营养元素齐全，能够改善作物根际微生物群，调理土壤，提高土壤中微生物活跃率，克服土壤板结，增加土壤空气通透性，增强土壤保水、保肥、供肥的能力，减轻盐碱损害，促进化肥的利用，提高土壤肥力，提高果实品质。在设施栽培中应用，还能够起到提高地温的作用。

连年施用生物菌肥或生物有机肥，可大大缓解土壤树体的营养障碍，应大力推广应用。

2. 化肥

化肥是用化学或（和）物理方法，人工制成的含有一种或几种农作物生长需要的营养元素的肥料，又称为"无机肥料""矿物肥料"。

化肥分为单元肥料、复合肥料两种。只含一种可标明含量的营养元素的化肥称为单元肥料，包括氮肥、磷肥、钾肥、钙肥和锌肥等。含有氮、磷、钾三种营养元素中的两种或三种且可标明其含量的化肥，称为复合肥料或复混肥。应用于大樱桃生产的主要有氮肥、磷肥、钾肥、钙肥、镁肥、硼肥、铁肥、锌肥、复合肥等。

（1）氮肥　氮肥主要有尿素、硫酸铵。尿素为中性肥料，含氮量高，为46%；连年使用，对土壤破坏性小。硫酸铵属于铵态氮肥，含氮量为20%～21%，肥效比尿素快。土壤胶体对铵离子有较强的吸附能力，氮素在土壤中移动性小，不易流失。硫酸铵也属于酸性肥料，长时期施用，会使土壤酸度增加，适合在碱性土壤上施用。

（2）磷肥　磷肥主要有过磷酸钙，属酸性肥料，含五氧化二磷12%～18%。磷肥肥效慢，而肥效期长，在土壤中容易被固定而降低肥效，适宜作基肥，也可作追肥。要集中施用或与有机肥混合施用，施于根系密集的土层内，减少磷的固定，以利吸收，提高肥效。

（3）钾肥　钾肥主要有硫酸钾，含氧化钾50%～52%，一般作为基肥施用，叶面追肥适宜浓度为0.2%。

钾在土壤中移动性小，要采取放射状沟施的方法，施于根系密集的、湿润的土层中，以利于吸收利用。

大樱桃属于忌氯作物，不宜使用氯化钾。

（4）钙肥　钙肥是指具有钙标明量的肥料。主要有石灰、硝酸钙、过磷酸钙、骨粉等。钙肥不仅能给树体提供所需的钙素营养，还有调节土壤酸度的作用。

石灰多用于改良酸性土壤，每亩施用量不应超过200千克，施用过多，会加速土壤有机质的分解，影响土壤养分的有效性。

硝酸钙属速效性钙肥，一般进行叶面喷肥，以提高利用率。叶面追肥的适宜浓度为0.3%。

骨粉含钙23%～30%，含磷10%～14%。在石灰性土壤中利用很慢，在酸性土壤中利用较快，可作基肥。

（5）镁肥　镁肥主要有硫酸镁，一般作追肥施用。

（6）硼肥　硼肥以提供硼素营养为主，主要有硼砂、硼酸等，用作基肥或追肥，其中硼砂含硼量 11.3% 左右，硼酸含硼 17.5%，均易溶于水。

（7）铁肥　铁肥包括无机铁肥、有机铁肥。常用的无机铁肥主要有硫酸亚铁。有机铁肥主要有尿素铁络合物、黄腐酸二胺铁。硫酸亚铁主要用于叶面喷施，也可用作基肥。有机铁肥用于叶面喷施。

（8）锌肥　无机锌肥主要是七水硫酸锌和一水硫酸锌，含锌量分别为 23% 和 35%；有机锌肥主要是锌螯合物，含锌量为 12% ～ 14%；主要用于叶面喷肥。

由于大量元素肥料施用量的增加以及有机肥施用量的减少，土壤中微量元素缺乏的现象越来越严重，缺素症发生较为普遍，影响树势及产量、质量，应当根据土壤和树体状况及时补充、调整施肥种类和用量。

（9）复合肥　复合肥具有养分含量高、在土壤中释放均匀、肥效稳定、持续时间长等特点。

常用的复合肥有磷酸二铵、氮磷钾复合肥、磷酸二氢钾、钙镁磷肥等。其中，磷酸二铵含氮 12% ～ 17%，含五氧化二磷 37% ～ 45%，一般作追肥施用；氮磷钾复合肥中，氮、钾及部分磷为水溶性，主要用作基肥；磷酸二氢钾含氧化钾 21%，五氧化二磷 24%，主要用作追肥；钙镁磷肥属碱性肥料，宜在酸性土壤上施用，在碱性土壤中施用易与钙结合，形成难溶性的磷酸钙，降低磷的有效性；硼镁肥，硼主要是硼酸形态，含三氧化二硼 1% 左右，含氧化镁 20% ～ 30%；硼镁磷肥含三氧化二硼 0.6% 左右，含氧化镁 10% ～ 15%，含五氧化二磷 6% 左右。

化肥的特点是：养分种类单一，养分含量高，肥效快。化肥大多数属于水溶性肥料，在土壤中容易水解，迅速被根系吸收利用，可以人为地根据土壤营养状况及树体不同生长发育时期对肥料的需求，采取土壤追施、叶面喷施等方法，有针对性地按比例进行施用，提高肥效，提高产量。

由于化肥养分单一、含量高，施用不当会导致树体营养失衡，引起大樱桃树体旺长或早衰，甚至发生肥害，降低产量和果实品质。化肥在土壤中容易挥发、流失及被土壤固定，肥效短，利用率低，而且污染环境。

长期施用化肥会造成土壤板结、结构变差、盐分增加、理化环境恶化，抑制土壤微生物的活动，土壤的自我调节能力下降，养分的转化和生物活性得不到改善。

3. 腐殖酸类肥料

腐殖酸类肥料是以富含腐殖酸的褐煤、泥炭为主要原料，经过硝化、氨化、盐化等化学处理或添加氮、磷、钾、中微量元素肥料及其他调节剂制成的一种化学肥料。主要有腐殖酸铵、腐殖酸钾、腐殖酸钠、黄腐酸等。

腐殖酸的特点是：在土壤中具有很好的保肥性；黄腐酸分子量小，生理活性大，溶于水，容易被树体吸收利用，可提高矿物质的利用率。

腐殖酸类肥料能够刺激植株的生理代谢，促进植株生长发育。能够增强过氧化氢酶和多酚氧化酶的活性，刺激根尖分生组织细胞的分裂与增长，促进根系生长，增加树体对水分和营养的吸收；可以固氮和解磷、解钾，提高土壤有机质含量和肥力，与难溶性的中微量元素形成易于被树体吸收利用的螯合物，提高养分的利用率；与农药混合施用，能够提高药效；能够缩小气孔开张度，减少树体水分的蒸腾量，提高树体的抗旱能力，增强树体的抗寒性；改变细胞膜的渗透性，促进根系对矿物质营养的吸收，增强树体的抗逆能力；腐殖酸能够促进土壤团粒结构的形成，提高土壤微生物的活性，加速有机物的分解与转化，改善土壤的理化状况；能够促进树体的新陈代谢，增强叶片光合作用，提高树体产量，改善果实品质。

腐殖酸肥料的施用方法如下。

（1）灌根 植树时用一定浓度的腐殖酸肥料灌根，促进根系生长，快速恢复树势，提高成活率。

（2）叶面喷施 根据营养分析、诊断，补充需要的营养，防治缺素症。

4. 氨基酸肥料

氨基酸肥料是用氨基酸作螯合剂，对各种元素进行螯合的液体新型肥料。因所含营养成分不同，氨基酸肥料分为氨基酸多元复合肥、氨基酸钙、氨基酸锌、氨基酸铁、氨基酸钾等。

氨基酸肥料的特点是：营养丰富，既有无机营养氮、磷、钾及中微量元素，又含有机成分如有机质、氨基酸、腐殖酸，可直接被树体吸收利用，而且利用率高，无残留，无污染。

氨基酸肥料能够促进果树叶片发育，增强光合作用，利于糖及营养物质积累，增强树势，显著提高果品产量与品质；氨基酸中还含有多种营养元素，对树体生长具有长效和速效的补肥作用，对矫正缺素症效果明显；施用氨基酸对冻害、药害、旱害等有较好的缓解作用，使树势迅速恢复；氨基酸有机营养丰富，可以将作物生长所需的大量元素和微量元素充分螯合在一起被植物吸收，能够促进土壤团粒结构的形成，改良土壤，提高土壤肥力。

氨基酸肥料的施用方法如下。

（1）涂干 生长期用 3 ～ 5 倍液涂干。在主干距地面 10 厘米以上部位，涂约 60 厘米长的肥带，共涂干 4 ～ 6 次，每次间隔 2 周。

（2）叶面喷施 根据营养分析、诊断，选择需要的营养进行叶面喷施，平衡树体营养。喷氨基酸钙时可与硼素营养配合，促进钙的吸收。

氨基酸钙可与非碱性杀虫剂、杀菌剂配合施用，但不能与碱性农药混用。

（3）灌溉施肥 结合灌溉将肥料施入土壤。

氨基酸在土壤中容易被细菌同化、分解，不宜作为基肥施用。

5. 螯合肥料

螯合肥料是用螯合剂与植物必需的微量元素制成的肥料，如螯合锌、螯合铁、螯合锰、螯合铜等。

螯合肥，利用螯合剂在植物细胞中能有选择地捕捉某些金属离子，又能在必要时适量释放出这些金属离子的特点，促进作物对营养元素的吸收，平衡各器官的营养供应。

螯合肥料的特点是：含有植物体营养调节因子和生长促进因子以及改善植物根系微生态环境、增强土壤微生物活力的增效物质，在土壤中不易被固定，易溶于水；具有缓释、控释氮素的作用和活化磷、钾元素的功能，并能够提高土壤中微量元素的有效性，促进植物吸收利用；促进光合作用和营养元素平衡，肥效高于普通肥料；能够提高植物生理机能，增强树体的抗旱、抗寒、抗病等抗逆能力。

螯合肥料具有有机肥料的全部优点，是生产无公害果品的理想肥料。

（五）基肥和追肥

1. 施基肥

秋施基肥一般在8月底至落叶前均可，但以8月下旬至9月上、中旬早施为宜，早施基肥有利于肥料熟化，树体当年即可吸收利用，可增加树体内养分的储备和促进花芽分化，同时还有利于断根愈合，提高根系的吸收能力，增强植株的越冬抗寒性。

基肥施用量要占全年施肥量的70%以上，以腐熟的有机肥为主。一般而言，幼树每株施基肥25～50千克，盛果期的大树每株施基肥100千克左右。土壤有机质含量低的果园，施肥量要大一些。结果大树最好施用一些豆粕、芝麻饼等饼肥，可以有效地提高果实品质。优质的猪粪或人粪尿等，量可少一些；用杂草、树叶等土杂肥，量就要多一些。但不可使用未经腐熟的有机肥，其害处：一是施入土壤后发酵产生高温（60～70℃）烧根；二是发酵产生大量氨气和硫化氢等有害气体；三是粪便中含有许多害虫（如蛴螬、蝼蛄、金针虫等）的卵，孵化后幼虫啃食树根；四是含有一些重金属，这些对根系生长都将产生不良影响。

基肥要在早秋一次性全部施入，也可使用生物有机肥。选用生物有机肥一要看是否经农业农村部登记，是否取得合法登记证；二要看执行标准是什么（如 NY 884 或 GB 20287）；三要看有机质含量是否≥40%；四要检测是否含有害物质。

一般生物有机肥的保质期不超过两年。生物有机肥除了可以增加土壤有机质、改善土壤理化性质外，还可以为根系生长创造良好的土壤环境，防治土传病害，提高肥料利用率，减少化肥使用量以及化肥残留与污染。

秋施基肥以环状沟施为好，沿树冠外围垂直投影，挖深度 30 厘米左右、宽 30 厘米的环状沟施用有机肥，可同时施用复合肥，施后覆土灌水。

2. 根际追肥

花期、果实膨大期、果实采收后可进行追肥。要抓住开花前和采收后这两个关键时期。大樱桃从萌芽开花到春梢生长变缓，营养生长与生殖生长迅速，需肥量最大；开花前追肥的时期为萌芽前，能够及时补充果实发育及树体生长所需营养，其他时期根据需要进行；采后及早施肥，恢复树体的生长发育和花芽分化，提高花芽质量。追肥以速效性肥料为主。萌芽前施追肥以化肥为主，采收后以速效性有机肥为主。施肥方法同秋施基肥。

3. 叶面追肥

大樱桃叶片大而密集，极适合进行叶面喷肥。叶片的气孔和角质层可以吸收水分和养分，尤其幼龄叶，气孔密度大，吸收速率快，生理机能旺盛。同一张叶片叶背面气孔多，表皮下具厚的疏松海绵组织层，细胞间隙大而多，利于吸收和渗透，因此叶面喷肥时要注意多喷叶背。

叶面喷肥时，肥料进入叶片后，可直接参与有机物的合成，不像根系吸收的肥料那样经过长距离运输方可到达叶片，因此叶面喷肥肥效发挥快，有些养分喷后15分钟即可进入叶片。而且，肥料进入叶片后可以均衡分配，不受生长旺盛部位调运影响，有利于缓和树势。这一点与由根系吸收的养分首先供应旺盛生长的部位不同，因此，叶面喷肥可对生长弱势部位进行促壮，尤其对提高短枝功能作用巨大，这一点更适于大樱桃。另外，叶面喷肥还不受新根数量及土壤理化性质的干扰，所以缺素症的矫正常采用叶面喷肥法。

叶面喷肥效果可持续10～15天，到第25～30天时已不再明显，所以叶面喷肥应每10～15天一次，且要长期坚持，偶尔进行效果不大。

进行叶面喷肥时，要先做小型试验，以不发生药害的最大浓度进行大面积喷洒。叶面喷肥的最适温度为18～25℃，空气湿度以90%为好。喷布时间以上午8～10时（露水干后阳光尚不很足以前）、下午4时以后为宜，以免气温高，肥液很快浓缩，既影响吸收又易发生药害，阴雨天不宜进行叶面喷肥。通常情况下叶面喷肥可结合喷药进行，但要确保混合后不会发生反应而影响肥效、药效。叶面喷肥时喷布一定要周到，尤其叶背，一定要喷到淋洗状态。

另外，萌芽前干枝喷肥也有一定效果，可促进大樱桃早期发育，减少败育花比例，提高坐果率。

常用叶面肥种类及浓度为：尿素0.3%～0.5%，磷酸二氢钾0.2%～0.3%，硼砂0.1%～0.3%。

（六）施肥方法

一般根据大樱桃根系分布特点，将肥料施于根系分布的土层内。可以稍深一些、远一些，诱导根系生长，扩大根系吸收范围，提高树体营养水平。

　　建园时，基肥要深施，增加土层厚度，为根系生长发育创造良好的环境。

　　氮肥移动性强，不宜深施；钾肥、磷肥移动性差，特别是磷肥很容易被固定，宜深施，施于根系集中分布的土层内。磷肥宜与有机肥混合施用，早施、深施。追肥宜在需肥期前施入。

　　给大樱桃树施肥的方法很多，这里主要介绍环状沟施肥、辐射状沟施肥、条状沟施肥、全园撒施、水肥一体化施肥、施肥枪施肥及涂干施肥。

　　（1）环状沟施肥　对幼树可结合深翻扩穴进行施肥，即每年在树冠外围投影处挖宽30～50厘米、深20～40厘米的沟，将肥料施入，3～5年后树冠基本形成，地下部的深翻扩穴也基本完成。

　　（2）辐射状沟施肥　对已进入结果期的大树最好采用辐射状沟施法，即在离树干50厘米处向外挖4～6条辐射沟，要里窄外宽、里浅外深，沟长超过树冠投影处约20厘米，每年施肥沟的位置要改变（图4-2）。

　　（3）条状沟施肥　现在采用得较少，栽植前未充分改土的地块可以采用。在行间开沟，施入肥料与作物秸秆，改土效果良好（图4-3）。

图4-2　辐射状沟施肥　　　图4-3　条状沟施肥

　　（4）全园撒施　对于肥源充足的樱桃园还可以全园撒施，之后深翻，或全年多次随水冲施。

（5）水肥一体化施肥　广义的水肥一体化就是通过灌溉系统进行施肥，作物在吸收水分的同时吸收养分，施肥与灌溉同时进行，包括淋施、浇施、喷施、管道施用（如滴灌）等方法。

我们施到土壤中的肥料，树体对其的吸收利用通常有两个过程。一是扩散过程，肥料溶解后进入土壤溶液，靠近根表皮的营养被吸收，浓度降低，远离根系的土壤溶液浓度相对较高，结果发生扩散，养分向低浓度的根表移动，最后被吸收。另一种过程叫质流，植物在有阳光的情况下，叶片气孔张开进行蒸腾作用，导致水分流失，故根系必须源源不断地吸收水分供应叶片蒸腾耗水，靠近根系的水分被吸收了，远处的水就会流向根表，溶解于水中的养分也跟着到达根表，从而被根系吸收。因此，肥料一定要溶解才能被植物吸收，不溶解的肥料是无效的。在实践中，灌溉与施肥同时进行即水肥一体化管理，这样施入土壤的肥料能够被充分吸收，肥料利用率得到大幅度提高。通过滴灌，可以节省肥料30%～50%，轻松实现少量多次、均匀、定时、定量、浸润根系生长区域，使根系分布的主要土壤区域始终保持疏松和适宜的含水量。同时，根据植物需肥特点、土壤环境和养分含量状况、作物不同生长期需水需肥规律情况等，把水分、养分定时、定量、按比例直接提供给作物，同时可减少挥发、淋溶造成的肥料浪费。水肥并施可节省90%的劳力。因为滴灌施肥和浇水不用开沟覆土，速度快，面积上千亩的果园可在2～3天内完成灌溉施肥工作。滴灌施肥是设施灌溉和施肥，整个系统的操作控制只需一个人就可轻松完成。这对于大樱桃等果树及山地果园来说，节省劳动力的效果非常显著。

只要是能溶于水的化肥，都能通过滴灌系统来施用。最好选用水溶性复合肥、冲施肥，这些肥料溶解性好、养分含量高、养分多元、见效快。

根据滴灌系统布置的不同，可以采取多种施肥方法，常用的有重力自压施肥法、泵吸肥法、泵注肥法、旁通罐施肥法等。

滴灌施肥注意事项如下。

　　一是过量灌溉问题。很多果农总感觉滴灌出水少，随意延长灌溉时间，既浪费水，还把不被土壤吸附的养分淋洗到根层以下，浪费肥料，特别是氮素最容易被淋洗掉。过量灌溉也容易使土壤的水气不协调，导致根系缺氧造成黄叶、生长受阻，甚至出现死根、烂根、死株现象。

　　二是施肥后要及时洗管问题。滴灌时一般先滴水，等管道完全充满水后开始施肥，施肥结束后要继续滴清水半小时，将管道内残留的肥液全部排出。部分用户滴肥后不滴清水洗管，结果在滴头处生长藻类及微生物导致滴头堵塞。

　　（6）施肥枪施肥　将液体肥料按比例稀释在配药池中，将动力打药泵的喷药枪换成专用施肥枪，调好压力后沿树冠外围每株扎10个孔，孔与孔之间的距离为40～50厘米，深度为20厘米，施肥量以从枪眼向外返肥液为标准。

　　施肥枪施肥的优点：一是省工省力，每人每天可施肥10亩左右；二是发挥肥效快，由于打药泵具有一定压力，肥液可直接到达根系分布区，缩短了肥料传送时间，一般施用后2天即可发挥肥效；三是提高肥料利用率，减少土壤固定损失；四是不伤根，可避免采用其他施肥方法对根系造成的创伤，减少根癌病发生。

　　（7）涂干施肥　将专用涂干肥调配好后，用毛刷或喷雾器将兑好的肥液涂在树干上。特点：一是吸收快，不需经根系吸收过程，直接通过主干皮层吸收；二是省工省时，每人每天可操作8～10亩，工效提高5～6倍；三是成本低，节省肥料；四是可以药、肥并用，既解决供肥问题，同时又防治蛀干害虫和枝干害虫，一举多得。

　　经过多年实践证明，北京生产的蒙力28液体肥用于涂干施肥效果好。具体做法：在春季萌芽前和9月下旬，两次主干涂肥，原液兑水一倍，同时加入毒死蜱200毫升、辛菌胺500毫升，自地面向上涂80厘米高即可。涂后可迅速补充树体营养，同时由于蒙力28液体肥内含进口强渗透助剂，可将毒死蜱和辛菌胺随肥料一起渗透到皮层内，并向上输导，杀死树皮下天牛幼虫、吉丁虫等蛀干害虫，并防止流胶病发生，伤口愈合更快。

注意事项：树势严重衰弱的植株不要涂抹，防止造成死树；涂抹时要避开锯口。

（七）肥害及其补救措施

1. 原因

生产中经常出现因施肥方法不当或施肥量过大对树体造成伤害的情况。

根际施肥时，肥料过于集中、肥料与根系直接接触、有机肥未腐熟、施肥量过大；叶面喷肥时，气温过高或肥液浓度过大，均是造成肥害的诱因。

2. 症状

树体须根、小根变褐死亡，大根皮层变褐、木质部变黑；地上部叶片自叶尖、叶缘开始焦枯，落叶，甚至整株死亡；叶片出现失绿、褪色、花叶等缺素症状。

3. 注意事项

根际施肥时，要施用腐熟的有机肥。化学肥料要与土拌匀，均匀施入。施肥后及时灌水。

叶面喷肥，要选择安全肥料，严格掌握使用浓度、使用时期。一般在上午 8 时～10 时、下午 4 时～6 时进行，避免在高温时段喷肥。

4. 补救措施

如果因土壤施肥不当造成根系伤害，应立即对施肥坑内的肥料进行深翻，将肥料与根系隔离，对于受伤的根系在健康部位切断，并用大水浇灌，稀释肥料浓度；叶面发生肥害，立即向叶面喷清水，清洗叶面，喷布氨基酸类微肥，缓解药害。利惠海绿素（含腐殖酸≥30 克/升，氮、磷、钾含量≥200克/升）800～1500倍液叶面喷施或200～500毫升/（亩·次）灌根，可有效缓解肥害。

三、水分管理

（一）大樱桃树需水规律

大樱桃适于在年降雨量600～800毫米的地区生长，其根系分布浅，大部分根系集中在地面下20～40厘米。与其他落叶果树相比，大樱桃叶面积大，蒸腾作用强烈，需水量比苹果、梨等更多。在干热的气候条件下，果实中的水分会经叶片大量损失，这也是山地无灌溉条件的果园在干旱时果个小、易皱皮的原因。

大樱桃幼果发育期，土壤干旱时会引起早期落果；果实迅速膨大期至采收前、久旱遇雨或灌水易出现不同程度的裂果现象；刚定植的苗木，在土壤不十分干旱的条件下，苹果苗、梨苗不死，而大樱桃苗易死亡；涝雨季节，樱桃园积水伤根，易引起死枝死树；久旱遇大雨或灌大水，易伤根系，引起树体流胶；当土壤含水量下降至10%时，地上部分停止生长；当土壤含水量下降至7%时，叶片发生萎蔫；在果实发育的硬核期，土壤含水量下降至11%～12%时，会造成严重落果等。这些情况表明大樱桃园既要有灌水条件，又要排水良好。

鉴于大樱桃对水分及土壤通气状况的要求较为严格，灌水应本着少量多次、平稳供应的原则进行。既要防止大水漫灌导致土壤通气状况急剧恶化，又要防止土壤过度干旱导致根系功能下降，尤其是在果实迅速膨大期至采收前，既要灌水，又要防止土壤过干、过湿，以免引起裂果。

（二）灌溉方式

大樱桃园灌水的方法很多，常见的灌水方法有漫灌、滴灌、渗灌、微喷、带状喷灌、高位喷灌等。漫灌需水量大、浪费水、成本高；滴灌、渗灌和微喷虽节水、高效，但一次性投入高，后期维护成本高；高位喷灌效果好，但一次性投入高，浪费水；带状喷灌具有节水、随时铺放、随时收起的特点，但费工、费时。根据大樱桃的需水特点，本着"节水、省工、高效"的原则，在大量试验的基础上，研究出了大樱桃"小沟快流节水灌溉技术"。该项技术具有简便易行、对土壤浸湿较均匀、水分蒸发量与流失量均较小、不会破坏土壤结构、利于根系呼吸和土壤微生物的活动、减少肥料流失和提高肥料利用效率等特点。

1. 成龄园

在垂直于树冠外缘的下方，向内 30～50 厘米（或距树干 1～1.5米）处沿大樱桃栽植行向挖灌水沟，一般每行树挖 2 条灌水沟（树行两侧各 1 条），并与配水道垂直；灌水沟采用倒梯形断面结构，上口宽 30～40 厘米、底宽 20～30 厘米、沟深 20～30 厘米；灌水沟的长度根据园地地形、土壤质地和类型等具体情况而定，一般沙壤土灌水沟长约 50 米，黏重土壤灌水沟长约 100 米。

2. 新建园

新建园可采用"起台栽培＋小沟快流节水灌溉技术"。定植前，在沿大樱桃栽植行向做成高 15～20 厘米、上部宽 80～100 厘米、下部宽 100～120 厘米的梯形台面。在距树干约 50 厘米处（台沿下方），沿大樱桃栽植行向挖灌水沟，每行树挖 2 条灌水沟（树行两侧各 1 条），并与配水道垂直；灌水沟采用倒梯形断面结构，上口宽 20～30 厘米、底宽 15～20 厘米、沟深 15～20 厘米；灌水沟长度的确定参照成龄园。前期以树盘灌溉为主，植株成活后采用小沟灌溉。

采用小沟快流节水灌溉技术，灌水量为漫灌的 35%，以全年灌水3 次、灌溉用水价格 0.5 元 / 立方米计算，每亩每年节省灌溉用水费用50 元以上。

（三）灌水及排水

1. 适时灌水

定植后 1～2 年生的小树要勤浇水、浇小水，土壤相对含水量低于 60% 时就浇水，即手捏 10 厘米深处的土壤只感到稍有湿意时就应浇水。一般，年浇水次数在 10 次以上，其中 6 月底以前要浇水 5～7次，以保证幼树成活和正常生长。2～3 年生以后，正常年份年浇水5～6 次即可。

在大樱桃年生长发育周期中，休眠期是需水少的时期，果实生长及新梢生长期是需水高峰期，所以，给大樱桃浇水要根据其生长发育中的需求特点和土壤墒情来进行。在大樱桃生长发育的需水关键期灌水，大致可分为花前水、硬核水、采前水、基肥水、封冻水和解冻水，每次灌水至水沟灌满为止。

（1）花前水 在发芽后到开花以前进行，以满足展叶开花的需要。这次浇水还可降低地温，延迟花期，避过晚霜，增加结果枝上的叶面积，有利于花芽的形成，并关系到当年和下一年的产量。

（2）硬核水 在落花后，果实如玉米粒大小时进行。这一时期，大樱桃生长发育最旺盛，对水分的供应最敏感，浇水可促进果实发育，果实的产量、质量都会有所提高。

（3）采前水 在果实膨大至采收前进行。此时适期浇水可增产30%～70%。如浇水不及时，果实成熟期将会不整齐，尤其对晚熟品种而言，果实膨大期至采收前经常灌小水，能明显地提高抗裂果能力。此期灌水宜灌小水，防止灌水过多，引起裂果。

（4）基肥水 秋施基肥后要浇一次透水，有利于根系对肥料的吸收，增加树体储存的营养，以利越冬和翌年生长结果。

（5）封冻水和解冻水 在土壤封冻前浇一次封冻水，浇水量要以浇透、浇足为度。做好土壤保墒，增强树体越冬能力。每年春季土壤解冻前后灌一次水，可有效地防止树体抽条等问题的发生，尤其在冬季少雨雪、春旱风大地区尤为重要。

以上是正常年份的灌水要求，在雨水过多或过少的年份则需灵活掌握。

2. 及时排水

大樱桃树对环境水分状况反应敏感，不抗干旱也不耐涝，除要适时浇水外，还要及时排水。园地必须建好排水系统，雨季注意排出积水。地下水位高、低洼地易积水的地方，需起高垄栽培。

首先，根据地下水位的高低和自然与立地条件因地制宜地选用樱桃砧木，因为不同的砧木有其不同的特点，防涝能力亦不同。

图4-4　排水沟

其次，在建园前要严格按防涝标准整地，即地面平整，四周挖有排水沟，并且纵向与横向排水沟相连接，使积水能够顺畅排出。树盘周围的地面应高于行间地面，高差一般为10～15厘米，以利于排水（图4-4）。

另外，开穴栽树的做法应该提倡，适宜在松土层较浅（20～30厘米）的地块。挖穴时，在穴与穴之间挖出相连接的纵横向沟，以解决死穴问题，防止局部涝害。一般，沟的深度应比穴的底部深10～15厘米，然后回填。回填时，沟的底部可放一些作物秸秆。每年还应深翻扩穴，改良土壤，配合施一些有机肥，穴的下部应用地表熟土或用结构松散的沙土回填，以提高透水性。山地梯田樱桃园，每栋梯田应在梯田壁一侧挖深50厘米的排水沟，以防渗水造成内涝发生。

第五章

简化省工整形修剪技术

一、简化省工修剪的理论基础

大樱桃简化省工整形修剪是在深入研究大樱桃传统整形修剪技术的基础上总结出的一套省工、省时、早结果、低成本、高效益的整形修剪技术。其目的是保证树体处于最佳生长、结果状态,达到易管理、易采摘并获得最佳的经济效益。

(一)大樱桃与整形修剪有关的生长发育特性

1. 芽的异质性

在树体生长发育过程中,由于受到内部营养状况和外界环境条件的影响,同一枝条不同节位芽的质量有所不同,萌发力和生长表现也不相同,这些特点称为芽的异质性。在一个发育枝上,所有的芽全为叶芽,只有基部几个芽较小而瘪,而中上部的芽都比较饱满,在梢顶端通常有一个或轮生两三个饱满的叶芽。混合结果枝、长果枝和部分中果枝一般只有基部或中下部形成花芽,上部及顶芽都是叶芽,而短果枝和花束状果枝只有顶芽为叶芽,其余的为花芽。所以在对果枝进行修剪时,混合结果枝、长果枝、中果枝剪口芽不能留花芽,如留花芽,结果后变成干桩而死,会减少结果枝的数量;而短果枝和花束状果枝不能用短截方法,只能用回缩的方法。

2. 芽的早熟性

大樱桃的芽和其他核果类果树相似,具早熟性,在生长季节摘心、剪梢可促发新梢。大樱桃在花后对新梢保留10厘米左右摘心,能抽生出1～2个中、长枝,下部萌芽形成叶丛枝;新梢保留20～40厘米,剪去10厘米以上的梢部,能促发3～4个中、长枝,摘心过轻,则只能萌发1～2个中、长枝。一年中可连续摘心1～3次。在整形期,可利用这一特性对旺枝、各主枝多次摘心,迅速扩大树冠,加快整形过程。进入结果期的树可利用连续重摘心控制树冠,促进花芽形成和培养结果枝组。

3. 顶端优势强

大樱桃枝条顶部芽所萌发的新梢,分枝角度小、萌发力强,新梢生长旺盛,向下各芽的萌发力和生长势依次减弱,新梢分枝角度增大、枝势也较弱。修剪可在需要分枝的部位进行短截,促发新梢。树体进入结果期则要通过拉枝、摘心、疏枝等方法控制顶端优势,因为顶端优势强,营养集中供养枝条前部,会造成枝条后部花束状果枝枯死或形成光秃带。

4. 萌芽率高,成枝力弱

大樱桃自然萌芽率高但成枝力较低。1年生枝除基部几个瘪芽外,枝条上的芽几乎全萌发,自然缓放情况下只有先端1～3个芽可抽生强旺枝,其下有1～2个中、短枝,其余全是叶丛枝。成年树的萌芽力稍有降低。萌芽率、成枝力的强弱,是确定不同修剪方法的重要依据之一。成枝力强的品种以夏剪为主,多缓放,促、控结合,促进花芽形成。而成枝力较弱的品种需适量短截,促发长枝,增加枝量。

5. 干性强,层性明显

果树由于顶端优势,1年生枝剪截后顶部芽萌发并抽生长枝,下部的芽抽生短枝和叶丛枝。这种现象每年重复出现,就形成了层性。

干性是指中心干的长势。干性强、层性明显的品种适宜整成有中心干的树形。而干性弱、层性不明显的品种则适宜整成无中心干的开心树形。大樱桃的大多数品种干性强、层性明显，有主干的疏层形、纺锤形等比较适合。

（二）大樱桃修剪原则

省工、高效整形修剪的总体原则是：在遵循果树植物学特性、生物学特性和生长结果习性的前提下，采用简单、易操作、省工、省时的整形修剪方式，修剪出早果、丰产、易管理、易采摘的树形，并在此基础上，结合栽培管理、花果管理、土肥水管理、病虫害防治等技术，使树体获得最佳的生长环境，实现优质、丰产和稳产。

1. 因树修剪，随枝做形

修剪时要根据品种的生物学特性、不同生长发育时期及树体具体情况确定修剪方法和修剪程度，不宜采用一种修剪方式。在整形过程中，不要完全拘泥于选树形，要有灵活性。对无法整成预定树形的树，要根据其生长状况整成适宜的形状，使枝条不致紊乱，这也就是人们经常说的"有形不死，无形不乱"的整形原则。

因树修剪是对具体树体而言，即在具体的整形修剪过程中，根据不同树体的生长结果习性以及果园立地条件等实际情况，采取相应的整形修剪方法，保证修剪程度适宜。修剪要从整体着眼、从局部入手，否则，有可能顾此失彼影响效果。随枝做形是对树体的局部而言，在整形修剪过程中，应根据枝条的长势强弱、枝量多少、枝类组成、分枝角度的大小、枝条的延伸方向以及开花结果等情况，正确处理局部和整体的关系、生长和结果的平衡、主枝和侧枝的从属以及枝条的着生位置和空间利用等，以便形成合理的丰产树体结构，获得长期优质、稳定增产的较高经济效益。所以，因树修剪、随枝做形是果树整形修剪中应首先考虑的原则。

2. 生长与结果兼顾，轻剪与重剪结合

根据栽植密度选择适宜的树形，既要建造丰产树体，又不影响早期产量，使生长与结果相均衡。整形修剪的目的，一是构建骨架牢固的树形，二是为了提早成花结果。为了长期的优质、丰产、稳产，树体骨架必须牢固，修剪时既要保证骨干枝的生长优势，又要尽量多留枝叶，以提早成花结果和早期丰产。随着树龄的逐年增长，枝叶量急剧增加。修剪时，除选留骨干枝外，还必须选留一定数量的辅养枝，用作结果或预备枝。对幼树应以轻剪为主，多留枝叶，扩大营养面积，增加营养积累。同时，对骨干枝应适当重剪，以增强长势。对辅养枝宜适当轻剪，缓和长势，促进成花结果。

修剪对树体来说，无疑是有抑制作用的。修剪程度越重，对整体生长的抑制作用也越强。为了把这种抑制作用控制在最低限度，在整形修剪时，应坚持以轻剪为主的原则。在全树轻剪增加树体总生长量的前提下，对部分骨干枝进行适当重剪，以利于建造牢固的树体骨架。在修剪过程中，必须注意轻重结合，才能既构造出牢固的树体骨架，又能有效地促进果树从幼龄期向初果期、盛果期转化。这一修剪原则，对幼树来说，有利于早果丰产；对结果树来说，有利于稳定增产；对老树来说，有利于复壮树势和树冠更新，维持一定产量。总之，把握统筹兼顾、轻剪为主、轻重结合的原则，能保证树体营养生长与生殖生长相平衡，使果树提早结果和早期丰产，且达到长期优质、丰产。

3. 营养均衡，平衡长势

在同一果园内，不同树体之间或同一棵树不同枝条间，生长势总是不平衡的。修剪时，应注意通过抑强扶弱，适当疏枝、短截，保持果园内各单株之间的长势近于一致，一棵树上各主枝间及上、下层骨干枝间保持平衡的长势和明确的从属关系，使树体长势中庸，整个果园的树体都能够上、下和内外均衡结果，实现长期优质和稳定增产。

二、主要树形

（一）主干疏层形

主干疏层形如图 5-1 所示，树体结构有主干和中心领导枝，干高 50～60 厘米，全树 6～7 个主枝，分 3～4 层着生：第一层主枝 3～4 个，开张角度 60° 左右；第二层主枝 2 个，与第一层间距 70～80 厘米；第三层和第四层，每层 1～2 个主枝，层间距 60～70 厘米，主枝开张角度小于 45°，每个主枝上再分生 2～3 个侧枝。

图 5-1 主干疏层形

整形方法如下。

定植当年定干高度为 60～80 厘米，翌年选留中心领导干和第一层主枝。在通常情况下，剪口下第一芽萌发的枝条适合作为中心领导枝。中心领导枝在基部以上 60 厘米左右的饱满芽处短截，如树势旺、枝条多而强时可留长些。第一层主枝是构成树冠的最主要部分，一般选 3 个，在幼树上若有 5～6 个新枝时，可选留方向、位置、角度适合及生长势强的 3 个枝作为主枝。3 个主枝各个枝头分别伸向不同方位并且都进行短截，剪留长度应短。中心领导枝的选留长度一般为 50 厘米左右，其余枝条可以不剪，放任生长，过密时可以适当疏除。翌年至初果期，继续培养中心领导枝和基部 3 个主枝，并选留培养第二层主枝以及各主枝上的侧枝，调整枝条间的生长势。在正常情况下，3年生的幼树，中心领导枝剪口下都能发出几个强枝，从中选1个直立健壮的枝作中心领导枝的延长枝。中心领导枝发生的分枝，因距第一层主枝较近，不宜作第二层主枝使用，一般从第四年开始选留第二层和以上各层的主枝。

主干疏层形的树体整形过程比较复杂，整形修剪技术要求高，修剪量大，成形慢，枝次多，冠内通风透光较差，结果部位易外移，易长成大冠树，在稀植情况下可以采用。这种树形树体高大，适用于干性明显、层性较强的品种。

主干疏层形树体进入结果期较晚，但结果后树势和结果部位都比较稳定，坐果均匀。在丘陵山区光照条件良好、土质较瘠薄的地方可采用。

（二）改良纺锤形

改良纺锤形如图5-2所示，树体结构有中心干，干高不低于40厘米，在中心干上每隔15～20厘米的不同方向错落着生一个单轴延伸的主枝，全树共20～30个，开张角度80°～90°，树高为2.5～3米。整形期间，只对中心干延长枝进行必要的短截，疏除背上枝或轮生枝。主枝选足以后，在最上一枝分叉处落头开心或拉平，中心干与主枝粗度比为3∶1。这种树形能适应樱桃园密植的需要。

整形方法如下。

苗木定干高度为0.6～0.8米，剪口下的第1芽保留，抹去第2～4芽，留第5芽，抹去第6芽，留第7芽，并对第7芽以下的芽隔三岔五进行刻芽，涂抹抽枝宝或发枝素之类

图5-2　改良纺锤形

的激素促发长枝，对距地面40厘米以内的芽不再进行刻芽或其他处理。

苗木定植后，要加强田间管理。进入 6 月后，可分次施肥促其生长，但后期要控制氮肥，防止枝条虚旺，造成冬季枝条抽干。生长旺季如发现整形带上部几个枝条过旺，可适当控制（轻微摘心），以防止下部枝条太弱或干枯。

第二年春季修剪时，中心干延长枝在有分枝处向上留 60 厘米左右剪截，剪口下的第 1 芽保留，抹去第 2～3 芽，在整形带内按需发枝量进行刻芽，同时涂抹激素。下部 1 年生枝如果发枝数量达到要求且生长势均衡时，即可进行拉枝处理，否则要将 1 年生所有主枝极重短截，一般留 1～2 个侧芽或背下芽，不要留背上芽。

第三年春季，管理重点是进行拉枝，将所有主枝全部拉平，基角接近 90°，对其中细弱的主枝，可先拉平（张开基角）然后松开，促其生长，以减少与其他主枝的差别。在拉平主枝的同时，可适当调整各主枝的角度和方向，使主枝的分布更加合理。主枝全部甩放，单轴延伸。整个主枝刻侧芽和背下芽，促使形成花束状果枝。对个别中心干高度不够、主枝数量不足的树，可继续进行中心干中、短截，促生主枝，中心干上部如有主枝分布不均匀且有空当处，仍可刻芽，促其抽枝，达到定植 3 年成形。

在管理中，一是要注意疏除多余的主枝和竞争枝，二是要控制强枝、扶持弱枝，对少数弱枝要局部喷施生长素，促其生长。

（三）改良主干形（细长纺锤形）

改良主干形树体结构具中心干，干高 60～80 厘米，树体高度为2.5～4 米，冠幅为 1.5～2.5 米。在中心干上均匀轮状着生下部较大、上部较小、水平生长的 15～25 个侧生分枝，基角 70°～80°，腰角80°～90°，枝梢90° 至下垂，各侧生分枝可以直接培养成大、中、小型结果枝组。也可在基部第一层设 3 个主枝，在主枝上培养结果枝组。整个树体下部冠幅较大，上部较小，全树修长，呈细长纺锤形。

整形方法如下。

春季定植后在地面向上 120 厘米处剪截定干，然后利用刻芽和抹芽技术，增加新梢数量，剪口下的第 1 芽保留，抹去向下 10 厘米内的芽后，再留一个芽，然后向下每隔 7～10 厘米留一个芽，呈轮状分布，抹去多余的芽，干高 60 厘米以下的树不抹芽。从剪截处向下数第 4 芽开始以下的芽，在其芽上部进行刻芽，干高 60 厘米以下的树不刻芽。5～7 月，对分枝粗度超过中心干粗度 1/3 的新梢留 8～10 厘米，进行重度摘心，控制其粗度和生长量，各侧生枝生长至 20 厘米左右时，用小竹签（或牙签）撑枝开角至 80°左右，新梢再延长生长后，梢部可能出现上翘，可坠枝开梢角，下部选择 3 个分布方位合理的侧生分枝，在其生长到 60 厘米左右时，进行中度摘心（摘去 15 厘米以上），上部及其他的侧生分枝每生长 15 厘米左右进行一次轻度摘心（摘去 5 厘米以下）。

冬季修剪时，中心干在有分枝处向上留 80 厘米左右剪截，各延长枝中、短截。背上直立枝疏除，其他枝缓放。

定植后第二、三年修剪，发芽期对所留的中心干每隔 7～10 厘米留一个芽，呈轮状分布，抹去多余的芽，发芽期对从顶部向下数第 3 芽以下的芽进行刻芽。5～7 月的夏季修剪同第一年，并在 5 月中旬对背上枝进行扭转。

冬季修剪同第一年，当先端分枝过多时，可疏去向上生长的枝条，保留平斜生长的枝条。

（四）小冠疏层形

小冠疏层形是由传统的主干疏层形压缩、简化而来的，既保留了主干疏层形树体结构合理、骨架牢固、通风透光好、经济寿命长的优点，又克服了其整形过程烦琐、树体过于高大的缺点，生产管理远较主干疏层形方便。

小冠疏层形主干高 50～60 厘米，具中心干，中心干上着生 5～6

个主枝，分为2层，第一层主枝3个，第二层主枝2～3个。第一层主枝各配备2个侧枝，第二层主枝为2个时各配1个侧枝，为3个时不配侧枝。主枝角度45°～60°，侧枝角度60°～80°。树高3～3.5米。小冠疏层形较适于土壤肥沃、水肥条件较好的平地采用。

整形过程如下。

定植后定干60～80厘米，剪口下保证有3个以上的饱满芽。若芽不够亦可采取及早摘心的方法促发副梢代替。

第一年选方位较好、生长均衡的3个新梢留作第一层的3个主枝。肥水条件好、植株生长强旺的，可在这3个新梢长至60厘米左右时留50～55厘米摘心促发分枝，发出的分枝可选择角度、方位佳者留作第一侧枝。其余不作主枝培养的大枝可任其生长。主枝上发出的竞争枝及时控制。至8月末，将主枝拉枝至45°固定，侧枝拉至60°固定，不作主枝的大枝拉至80°～90°固定，中心延长头不拉枝，保持直立。

第二年春季芽萌动时，中心延长头留60厘米中截，发生的新梢选留方向好的2～3个作第二层主枝培养，当其长至60厘米时摘心促发侧枝。第一层主枝在第一侧枝处向上60厘米中截，选留第二侧枝，第二侧枝方向在第一侧枝对面。发出的其他枝可扭梢、摘心促其成花。对不作主枝的第一层大枝在芽尖露绿时刻芽，将其基部1/3段上的芽全部在芽上方刻伤，促进萌发大量短枝，其中前部的短枝当年可以成花，栽后3年见果即是由这部分枝完成的。至8月末，对第二层枝全部拉枝，留作主枝的拉至50°左右，其余的拉至水平至略下垂。

第三年春季，所有枝梢不再短截，对第二层不作主枝的大枝进行刻芽，促发短枝。整形过程即告完成。随植株逐渐大量结果，第一、二层未作主枝的大枝均是单轴延伸的大型结果枝组，由于大量结果，枝头下垂、长势渐弱，当其延长枝已发不出混合枝，而仅为中短果枝时，要及时回缩复壮，保持其生长势，剪口枝最好始终保持为混合枝。对于背上直立、挡光、扰乱树形的枝要及时加以控制，使其压缩变小、转化为结果枝组。待各主枝枝量、枝类达到丰产要求，可以承担主要产量时，对其他大枝及时压缩变小，保证主枝的生长空间。严禁不顾树形发展，一味保留过多大枝，最后导致没有合适的大枝可留。

图5-3　自然开心形

（五）自然开心形

自然开心形如图5-3所示。该树形主干高20～40厘米，没有中心干，主干上着生4～5个长势均衡的主枝，主枝角度为30°～45°，主枝在整个树冠所占空间内均匀分布。每个主枝上分生6～7个侧枝，分为4～5层，侧枝着生角度为50°～60°。侧枝上及主枝上配备各类结果枝组。主枝数较少时，可在第1～3个侧枝上配副枝，以弥补空缺。

自然开心形树体较大，寿命较丛状形长。树冠开张，结构合理，光照条件好，结果早，产量高，较适于中等密度下弱干性品种采用。但该树形树冠呈圆头状，枝多叶密，有头重脚轻的现象，抗风能力差。

整形过程如下。

定植后定干60～80厘米，剪口下一定要有3～5个饱满芽。剪口下的这几个芽萌发形成的强旺梢选择作主枝，长势强旺均匀，易成形，骨架牢固，寿命长。若苗质差、萌芽抽梢数不足，可选生长强旺、方位较好的新梢，在其刚展开3～5片叶、尚未明显伸长生长时留3片大叶摘心，可以促发2～3个强旺副梢，其生长势不亚于直接从苗干上发出的新梢，在肥水条件良好的情况下，当年秋梢亦可长至1.5米以上，完全符合选留作主枝的标准。选留作主枝的几个新梢，在加强土肥水管理的前提下，长至50厘米左右时留40～50厘米摘心，促发分枝，强旺分枝可选留作第一侧枝。至8月底，将主枝拉至

30°～45°角固定。

第二年春季芽萌动时，各主枝在下部分枝以上留40～60厘米短截，继续促发分枝，选角度、方位较佳的分枝作第二、三侧枝，延长枝继续作主枝头延伸，扩大树冠。其余分枝可采取摘心、扭梢等措施促进成花。竞争枝和背上直立枝及时拧枝、拿倒加以控制。到秋季，再对主枝、侧枝角度加以调整、固定。

第三、第四年按照第二年的方法继续选留侧枝、培养枝组，促进形成花枝。待树冠大小达要求、枝量满足丰产园要求、行间剩0.5～1.0米即将交接时，主枝延长头不再短截，整形即告完成。整形一般需4～5年时间。之后随植株结果量渐增，主枝开张角度加大，延长头生长势衰弱，即要进行回缩复壮，最好保证延长头始终为混合枝。对于背上直立、抽头挡光、竞争枝等各类扰乱树形、影响正常生长发育与开花结果的枝要随时加以控制。

对于生长强旺、干性强的品种，在整形过程中可先留中心干，但中心干上不配主枝，只配较大型结果枝组，且结果枝组着生角度宜大。其余主枝按常规进行培养。待大量结果后，树势已缓和，各主枝生长势中庸而均衡，角度固定，骨架从属关系明显、合理时，再将中心干去掉形成开心形。

三、修剪

大樱桃树年生长量大，芽具有早熟性，充分利用这些特性进行修剪，能够实现迅速扩大树冠、早产、早丰的目的。因此，要把握夏季修剪为主、冬季修剪为辅的原则。

（一）休眠期修剪

1. 短截

短截是大樱桃修剪中应用最多的一种手法。短截又依据剪截程度不同分为轻短截（截去枝条全长的 1/3 左右）、中短截（截去全长的 1/2 左右）、重短截（截去全长的 1/2 以上）和极重短截（在基部保留 1～2 个叶芽处短截）四种方式。

轻短截有利于缓和树势、削弱顶端优势的作用，提高萌芽率，降低成枝力。轻短截后抽生的枝条，转化为中弱枝数量多，而强枝少，能够形成较多的花束状果枝。在幼树修剪时，较多应用轻短截，能缓和长势、中、长果枝及混合枝转化多，有利于提早结果。特别是成枝力强的品种，常应用轻短截培养单轴延伸型枝组。对初结果的树进行轻短截，有利于生长、结果的双重作用。

中短截处理后抽生长枝数量多于轻短截和重短截。有利于保持顶端优势，新梢生长健壮。由于中短截后抽枝数量多，成枝力强，若短截次数过多，则影响树冠的通风透光。主要对骨干枝进行中短截，扩大树冠，还可用于中、长结果枝组的培养。

在大樱桃幼树上，对骨干枝的延长枝和外围发育枝进行中短截，一般可抽生 3～5 个中、长枝条和 5～6 个叶丛枝。对树冠内膛的中庸枝条进行中短截，在成枝力强的品种上一般只抽生 2 个中、长枝，成枝力弱的品种上除抽生 1～2 个中、长枝外，还能萌生 3～4 个叶丛枝。

在结果大树上，中短截后有利于增强树势，促使花芽饱满，提高产量。对中强枝进行多轴枝组培养时，多采用中短截方法。在衰老树上，中短截后有利于增加中强枝数量，扩大营养面积，加快更新复壮。

重短截可以平衡树势，培养骨干枝背上的多轴枝组。能够加强顶端优势，可促发旺枝，提高营养枝与长果枝的比例。重短截后成枝力弱，成枝数量一般约为 2 个，成枝数量较少。平衡树势时，对长势强旺的骨干枝、延长枝进行重短截，能够减少其总生长量。骨干枝先端背上培养结果枝组时，第一年多对直立枝条进行重短截，控制枝组高度，翌年对重短截后抽生的 3～4 个中、长枝，采取去强留弱、去直留平的方法，即可培养为结果枝组。

极重短截留的芽较瘪时，抽生出的枝条生长势较弱，因此可以采取这种方法来削弱幼旺树中心干上的强旺枝条。对幼旺树中心干上萌发的1年生枝留3～5个芽极重短截，可培养出枝轴较细的结果母枝，增加结果母枝的数量。极重短截只在准备疏除的大樱桃1年生枝上应用，在结果枝上极少应用。

2. 甩放

甩放即对1年生枝条不剪截，也是大樱桃修剪中常用的一种方法，其作用与短截完全相反，主要是缓和树势，调节枝量，增加结果部位和花芽数量。因此，为了提早结果、早期丰产和长期高产、稳产，整形修剪中除了对各级骨干枝进行短截外，对其他枝条应采用甩放方法，并掌握甩放的程度和时间，待枝条结果转弱之后即回缩复壮。

3. 疏枝

疏枝就是把枝条从基部剪除。修剪中主要疏除过密过挤的辅养枝、树形紊乱的大枝、徒长枝、细弱的无效枝、病虫枝等。疏枝的作用是可以改善光照条件，减少营养消耗，使旺树转化为中庸树，促进多成花，平衡枝与枝之间的势力。疏枝具有双重作用，由于疏掉一部分枝叶，造成伤口，对全树和被疏除分枝的母枝具有削弱和缓势的作用。疏除的枝越大、量越多，对全树和被疏除分枝的母枝的削弱和缓势作用越明显。在樱桃树上，一次疏枝不可过多，以免造成伤口流胶和干裂，削弱树势。如因树形紊乱而非疏枝不可时，也要分年度逐步疏除大枝，严禁过急，掌握适时适量为好。疏枝造成的大伤口表面粗糙，要用刀将锯口削平，用2%的硫酸铜溶液或用0.1%升汞水消毒，然后涂以保护剂，其中以涂抹乳胶的效果为最好。

4. 回缩

将多年生枝剪除或锯掉一部分、留下一部分称为回缩。盛果期树的新梢生长势逐渐减弱，同时有些枝条下垂，树冠中下部出现光秃现象。为了改善光照，减少大枝上的小枝数目，使养分和水分集中供应下部的枝条，采用回缩的方法对恢复树势很有利。但同时应加强肥水管理，使枝条正常生长和结果。

回缩也可以用于结果枝和结果枝组的更新复壮。大樱桃生长势强旺的品种，枝条连续缓放 2～3 年，仍不形成花芽或成花量很少，这主要是大樱桃极性较强、顶端生长旺盛所致。对此类枝条，可以在 1 年生和 2 年生枝交接处进行回缩修剪，对促进回缩下部花束状果枝的形成效果非常明显。

（二）生长季修剪

1. 摘心

摘心是指在枝条木质化以前，摘除新梢的先端部分。摘心的作用主要是控制枝条的旺长，增加分枝级次和枝量，加速扩大树冠，促进枝条向结果枝转化，有利于幼树提早结果。这项措施主要用于幼树和旺树。

根据摘心的时间，可将其分为早期摘心和生长旺季摘心。

早期摘心，一般在落花以后 10～15 天进行，对幼嫩新梢保留 10 厘米摘心，这样除顶端能发生一个中等大的枝条外，下部各芽均能形成短枝，主要用于控制树冠和培养小型结果枝组。

生长旺季摘心，一般在 5 月下旬～7 月上旬进行，对新梢保留 30～40 厘米摘心，主要用于增加枝量。如树势旺盛，摘心后的副梢仍很旺，也可连续摘心 2～3 次，能促进形成短枝，提早结果。

试验结果表明，新梢摘心的程度不同，其摘心效果也不同。在一个新梢上，摘去新梢的 1/3～1/2，且摘心长度不短于 15 厘米，一般能萌发 2～4 个二次枝，其效果是促进摘心部位局部的营养生长、促发分枝。但这些新梢的粗度及长度都小于不摘心的新梢，即削弱了被摘心新梢的整体生长，作用同中短截，故被称为中度摘心。在一个新梢上，摘去新梢顶部 5 厘米，一般只能萌发 1 ～ 2 个二次枝，其效果是抑制顶梢的生长、促进新梢中下部增粗、增加芽饱满度，这种方法称为轻度摘心。对幼树上的新梢进行连续的轻度摘心，可有效地抑制新梢的营养生长，在初果期树上于 5 月对新梢进行轻度摘心，能促使新梢基部腋芽形成花芽。在一个新梢上，摘去新梢的 1/2 以上，且仅留基部 10 厘米左右，也能促发 2 ～ 4 个二次枝，但摘心后的新梢生长势和生长量远低于中度摘心，称其为重度摘心，效果类似于极重短截。在 5 月，重度摘心能促使新梢基部的几个腋芽形成花芽。

　　辽南地区摘心时间一般为 5 月中旬至 7 月中旬。摘心太早枝条长度不够，叶片较少，影响光合作用。进入 8 月份后不可摘心，因为此时摘心萌发的新梢至落叶时木质化程度不够，冬季易受冻害枯死，同时消耗树体养分，不利于树体营养积累。

2. 扭梢

　　将半木质化的新梢扭曲下垂，称为扭梢（图 5-4）。在 5 月下旬至 6 月上旬，新梢尚未木质化时，将背上直立枝、竞争枝及向树冠内生长的临时性枝条在距枝条基部 5 厘米左右轻轻扭转 180°，经扭梢的枝条，长势缓和，积累

图 5-4　扭梢

养分多，顶芽和侧芽均可获得较多的养分，有利于分化成花芽。扭梢过早，新梢未半木质化，组织嫩弱，容易折断，且因叶片少，不利于形成花芽；扭梢过晚，枝条已经木质化，脆硬不易扭曲，用力过大则容易折断，造成死枝。

3. 拿枝

　　拿枝又称拿枝软化，是控制 1 年生直立枝、竞争枝和其他营养枝长势的方法。7 月，枝条已木质化，从枝条的基部开始，用手折弯，

然后向上每5厘米弯折一下，直到先端为止。如果枝条长势过旺，可如此连续进行数次，枝条即能弯成水平或下垂状。经过拿枝，改变了枝条的生长方向，削弱了顶端优势，使生长势大为减弱，有利于形成花芽。

4. 拉枝

为了调整骨干枝或辅养枝的角度，缓和树势，促进早结果，可采取拉枝措施（图5-5）。拉枝的方法是，一般采用鱼精绳、布条等物，末端绑上木桩埋入地下，上端拴上木钩或垫上废布、废胶皮等物，防止伤及被拉枝条的皮层或产生绞缢，将被拉枝拉开角度。经过一个生长季以后，枝条角度基本固定时，再解开拉绳。

图5-5 拉枝

拉枝时应防止大枝劈裂，也要防止因拉枝的支撑点过高，被拉的枝中部向上拱腰，造成腰角小和冒条现象。拉枝用的拉绳一定要埋在树盘以内，以免影响行间作业。

拉枝在萌芽后至落叶前进行。休眠期樱桃枝条较硬，拉枝易折断或劈裂，易诱发流胶病。生长季枝条软化，容易操作。由于樱桃树是生长强旺的树种，枝条夹角小，甚至有夹皮现象，因此拉枝时不能直拉，要换方位斜拉，以防劈裂。

5. 疏枝和回缩

大樱桃采收后，为了调整树体结构，改善树冠内通风状况，要进行修剪。修剪方法主要是疏枝和回缩。对严重影响树冠内通风透光且毫无保留价值的强旺大枝，可从基部疏除；对只影响局部光照条件，但又有一定结果能力的大枝，可在有分枝处缩剪。

6. 刻伤

萌芽期，在芽上方的枝条上（如果在生长季节，在芽的下方）横刻一刀，深及木质部，称为刻伤。刻伤有"一字形"刻伤和"屋脊形"刻伤。萌芽期在芽的上方刻伤，可使下位芽萌发，促使枝条生长。但在弱枝弱芽上刻伤，效果不明显。

对多年生枝光秃带部位，可用锯在芽上方横拉一锯，深达木质部，促使潜伏芽萌发，弥补缺枝少杈空间，增加结果部位。对于 2 年生枝上的芽，在萌芽前刻芽，当年均可形成花束状结果枝。

7. 抹芽

抹芽即在生长季节及时抹掉过多的无用萌芽，目的在于节约养分，防止无效生长，促进有效生长。一般，在枝条背上萌发的直立生长的芽、疏枝后产生的隐芽、向内生长萌芽及枝干基部萌发的砧木芽都应在萌芽期及时抹去。但在樱桃各级枝上的芽（除隐芽外），基本上都能萌发，这些芽生长量极少，叶片大而多，可制造大量养分，当树势健壮、通风透光条件好时不应抹去，因为其可以转化成花束状结果枝组。

在发芽期，砧木芽比品种芽萌芽早、生长快，从而影响品种芽的发育，有时导致品种芽不抽新枝，因此，新定植的樱桃苗要及时抹去砧木芽，使营养集中供应品种芽的萌发和生长，否则会影响树体生长。

郑州果树研究所试验结果表明：对于分枝力较强或易形成花芽的品种，如先锋、大紫、拉宾斯等品种的幼树进行夏季修剪时，使用局部促花措施可以收到良好的促花效果，主要以摘心为主，扭梢为辅。5 月对生长势中庸的枝条进行轻度摘心，能有效地促进花芽分化。扭梢应在 5 月间在半木质化的新梢上进行，主要用于背上枝，促使其转变为花枝。

四、不同树龄的修剪

（一）幼树的修剪

　　大樱桃幼树时期，主要是建立牢固的骨架。在整形的基础上，对各类枝条的修剪程度要轻，除适当疏除一些过密、交叉的乱生枝外，要尽量多保留一些中等枝和小枝，轻短截 1 年生枝，促发较多的分枝，以利于骨干枝的生长，迅速扩大树冠，增加总枝叶量和有效短枝的数量，为优质丰产奠定基础。2～4 年生幼树主、侧枝的延长枝和侧生枝的短截程度，应根据枝条的生长强弱和着生位置来决定。延长枝一般宜剪留 40～50 厘米，侧生枝宜短些，以利于枝条的均衡生长。延长枝一般留外芽，枝条直立性较强的品种也可留里芽，利用外芽当延长枝，这样可以开张枝条角度，抑制其过旺生长。树冠内的各级枝上的小枝基本不动，使其尽早形成果枝，以利于提早结果和早期丰产，防止树冠内膛空虚。

　　幼树整形时，还要注意平衡树势，使各级骨干枝从属关系分明。当出现主、侧枝不均衡时，要压强扶弱，对过强的主、侧枝回缩，利用下部的背后枝作主枝。延长枝适当重剪，这样树势可逐步达到平衡。由于各枝条间具有相对的独立性，因此，可以利用骨干枝以外的部分枝条，经过采用拉枝开角、环剥、摘心、扭梢等修剪措施，抑制其过旺生长，促进成花结果。

　　修剪会减少枝叶量和总叶面积，导致光合产物总量下降，因此，地上部和地下部的生长暂时受到抑制，树体的总生长量有所减弱。连年重剪，会减少全树的总枝叶量，刺激局部新梢旺长，使营养生长过于旺盛，营养消耗过多、积累减少，不利于生殖生长，影响花芽形成，延迟结果。所以，幼树不宜重剪，适当轻剪，是提早结果和早期丰产的有效措施。

（二）初结果树的修剪

这一时期是指从开始结果至大量结果之前。此期的特点是新梢生长旺盛，骨干枝生长快，树冠继续扩大，树姿逐渐开张，长枝比例逐年减少，中、短枝的数量逐年增加，结果枝组大量形成，产量不断上升，果实个头较大，地下根系的扩展速度仍然很快，根系垂直分布和水平分布范围的扩展速度，大致与树冠的扩展速度相一致。

初果期的长短，除与品种的特性有关外，主要决定于栽培管理技术水平的高低和肥水供应是否充足，整形修剪的轻重程度是否适宜，生长和结果的关系是否协调一致等。一般情况下，大樱桃 3～5 年进入初果期，初果期一般持续 3～4 年。初果期整形修剪的主要任务是继续选留主枝、扩大树冠、完成树体建造，调节主枝角度及其与主干、骨干枝间的从属关系，选留和培养侧枝和结果枝组，在继续扩大树冠的同时，使产量逐年增加。通过适度截剪中央领导干和主枝延长枝、选择适当部位的侧芽进行刻芽促其萌发，培养新的侧枝和主枝，进行结果枝组的培养。对背上旺枝用极重短截法培养成紧凑型结果枝组；对长度为 40 厘米左右的中弱枝先修剪后缓放再回缩，培养成中、小型结果枝组；对背上直立枝采用重短截方法培养大型结果枝组。同时，还应注意调节树体长势，不能过旺也不能过弱，并注意各主枝间的长势平衡，保持健壮，使营养生长和生殖生长相协调，保证连年丰产、稳产，避免大小年现象。

（三）盛果期树的修剪

处于盛果期的大樱桃树，树形和骨架已经形成，树体高度、树冠大小基本达到整形要求，树势趋于稳定。此时修剪的主要任务是维持中庸健壮的树势和良好的树体结构，改善光照，调节生长与结果的矛盾，更新复壮结果枝组，防止大、小年结果，尽量延长盛果年限。

此时应及时落头，增强树冠内的光照，对骨干枝的延长枝不要再短截，防止果园群体过大，影响通风透光。对树冠内多年生的下垂枝、细弱的冗长枝和衰老的结果枝组，要经常进行更新复壮，可采取回缩的方法。一般回缩到有良好分枝处，并注意抬高枝头角度，增强其生长势。同时，采取去弱留强、去远留近和以新代老等措施，达到更新复壮的目的。还应注意不断提高枝组中叶芽的比例，以恢复正常的生长和结果能力。另外，随着树龄的增长，树势和结果枝组逐渐衰弱，结果部位外移，此时修剪应采取回缩和更新的方法。骨干枝和结果枝组是缓放还是回缩，主要看后部结果枝组和结果枝的生长势与结果能力。如果长势好，结果能力强，则外围可继续留壮枝延伸，否则就应回缩。

（四）衰弱树的修剪

大樱桃树寿命较短，一般在 30 年生以后便进入衰老期，树冠出现枯枝、焦枝、缺枝少叶现象，树冠不完整，产量下降。

对进入衰老期的果树，整形修剪的任务主要是及时更新复壮，重新恢复树冠。因为樱桃树的潜伏芽寿命长，大、中枝经回缩后容易发出徒长枝，对这些徒长枝择优培养，2～3 年内便可重新恢复树冠。在截除大枝时，如在适当部位有生长正常的分枝，最好在此分枝的上端回缩更新。这种方法对树损伤小，效果好，不至于过多地影响产量。另外，分枝的存在也有利于伤口的愈合。利用徒长枝培养新主枝时，应选择方向、位置、长势适当且向外开张伸展的枝条。过多的枝应去除，余者短截，促发分枝，然后缓放，使其成花，形成大、中型枝组。需要注意的是，若在冬季去除大枝，伤口不易愈合，常引起流胶死亡，所以最好在萌芽后进行。进行骨干枝更新时，留桩要短，以 30～40 厘米的长度为宜，最多不能超过 50 厘米。留桩过高，抽枝能力弱，更新效果不佳。更新时间以早春萌芽前进行为好。冬季更新，抽枝力、萌芽率显著降低，效果不佳。

（五）整形修剪注意事项

① 大樱桃树夹角小的枝杈易劈裂，且不易愈合，生产上对这类枝应及早疏除。

② 冬季修剪时，疏枝后大的伤口不易愈合，且易流胶，故宜在生长季节或采收后疏枝。疏枝时伤口要平、要小，不留桩，最忌留"朝天疤"伤口，这种伤口不易愈合，容易造成木质腐烂，滋生病虫害。

③ 大樱桃树长枝上或剪口下往往出现 3～5 个轮生枝，容易造成"掐脖"现象。为防止以上竞争枝的产生，最好在冬剪时抹去剪口下第 2～3 芽，或在其发生当年疏除，最多保留 2～3 个芽或枝。过晚疏除，伤口大，易流胶，对生长不利。

④ 大樱桃的枝条容易直立，尤其是枝条背上的芽易萌发出背上直立枝，所以对无用的直立枝要尽早疏除。另外，拉枝后枝条先端的新梢也容易直立生长，因此，必须加以控制，或拉或疏，而且拉枝不能只拉一次，要随时调整。

⑤ 大樱桃枝条容易偏体生长，即出现几个强旺大枝集中在一侧或侧枝强旺压过主枝的现象。为此，整形期应注意控制强旺枝或集中一侧的强旺枝条，通过拉枝调整角度和方位。

⑥ 冬季修剪虽然在整个休眠期内都可以进行，但对于北方寒冷地区和春季干燥风大地区来说则越晚越好，一般接近芽萌动时修剪为宜，若修剪早，伤口易失水干枯。

⑦ 剪口离剪口芽不可太近。剪口要用愈合剂涂抹，使剪口尽快愈合。另外，苗木在起苗和运输过程中，容易出现主芽被碰掉落的情况。在定干时，果农们往往降低定干高度，留主芽进行定干，故出现定干有高有矮、园相不整齐的现象。鉴于此，利用樱桃副芽也可萌发的特性，可按预定高度进行定干，虽副芽萌发稍晚，但由于部位势优，后期可发育成理想的长枝。

⑧ 幼树整形不可短截过多或短截的年限过长，以免造成枝条密

集，光照条件不良，树形紊乱。改造这类树时，需去除的大枝要分年逐渐去掉。对长势旺的树，应适当缓放，如果短截过多，则可能越剪越旺。对幼树，除按整形要求对主干及主枝延长枝进行适度短截，从而促发新梢、扩大树冠外，其他中短枝尽量不动，在培养树形的基础上，培养结果枝组，以利提早结果。

⑨ 大樱桃树忌过度缓放。缓放过度会造成内膛空虚、结果部位外移、树势衰弱。因此，生产上应缓放几年再适当回缩，在保证正常结果的前提下，每年都能抽生出一定数量的新梢。

五、化学控花技术的应用

1. 化学控花技术的概念

化学控花技术主要是采用 PBO（一种果树促控剂）控制幼树营养生长过旺和促进花芽形成。施用 PBO 的时期、浓度、施用次数，要根据栽培品种和树体的生长势来确定。影响树体生长势的因素很多，如土壤肥力、肥水供应量、砧木类型、树龄乃至病虫害防治状况等。原则上说，只有在树势生长强旺的大樱桃品种上，且当树体的骨干枝已长成、枝条数量已基本长够的幼树及初结果树上才可施用 PBO。土壤肥力差，水肥供应不足，采用吉塞拉 5 等矮化砧木及半矮化砧木的树一定不要施用。

土壤肥力和肥水供应量中等且采用乔化砧木嫁接的容易成花的品种，如佳红、红蜜、萨米特、晚红珠等，一般不施用 PBO；土壤肥沃，肥水供应量大，用乔化砧木嫁接的生长势强的品种，如红灯、明珠、美早等定植后 3～4 年以上的树，需采用 PBO 控制其生长，可用 80～120 倍的较高浓度喷施。如果是高密度樱桃园，如株行距为 2 米 ×3 米，则在定植后第 2～3 年即可用 60～80 倍的高浓度 PBO 喷施控制其生长，如果是株行距为（3～4）米 ×5 米的樱桃园，则必须在定植后第 4 年才能施用 PBO，施用 PBO 1 个月之后，如果还没有起到控制生长的效果，可再喷施一次 80 ～ 120 倍的 PBO。

2. 化学控花时期

大樱桃于 5 月中、下旬，新梢生长 15 厘米左右时，叶面喷施一次 80 ～ 120 倍的 PBO，喷药后 15 天左右新梢停止生长，当年的 1 年生枝成花率可达 70% 以上，新梢生长量为 20 ～ 40 厘米，但在秋季容易出现补偿生长；如果在 6 ～ 7 月叶面喷施，喷药后 15 天左右新梢停止生长，可控制当年秋梢的生长，虽然对当年促花效果不明显，但可控制翌年新梢生长及促进其基部腋芽形成花芽，第二年新梢生长量为 10 ～ 40 厘米，成花枝率 90% 左右；如果在 8 月叶面喷施一次 80 ～ 120 倍的 PBO，可控制秋梢的生长，也可控制翌年新梢生长及促进其基部腋芽形成花芽，第二年新梢生长量为 3 ～ 10 厘米，成花枝率 98% 左右。

喷施时期可根据树体生长情况进行选择。120 倍的 PBO 在 5 月中旬开始叶面喷施时，需要在 6 月中旬和 7 月中旬再喷一次，这样可以使当年新梢成花枝率达到 92% 左右，且秋季没有徒长。

近几年通过试验得出，用 10 ～ 20 倍的 PBO 涂干，涂干高度为 20 ～ 30 厘米；或用 1∶1 的免剪宝涂主枝基部，也可起到控制生长的作用，且工作量小，可以做到哪株树旺涂哪株、哪个枝旺就涂哪个枝，是行之有效的方法，可以广泛应用。

第六章

简化省工花果管理技术

花果管理是现代大樱桃生产中重要的技术环节，是大樱桃持续稳产、优质高效的重要保证。花果管理直接影响果实的产量、品质和经济效益，但花果管理也是用工量较多、经济投入较高的环节，其管理成本越来越高。因此，如何采用规范化和减少用工量的措施进行花果管理成为亟待解决的问题，其主要技术措施如下。

一、促花芽形成

大樱桃的花芽分化包括生理分化期和形态分化期2个阶段，花束状果枝和短果枝上的花芽在硬核期就开始分化，果实采收后10天左右，花芽开始大量分化，整个分化期需40～45天。叶芽萌动后，长成具有6～7片叶的叶簇新梢的基部各节，其腋芽多能分化为花芽，翌年结果。而开花后长出的新梢顶部各节，一般不能成花。在进行摘心或剪梢处理的树上，二次枝基部有时也能分化出花芽，形成一条枝上两段或多段成花的现象。7～8月份是大樱桃花芽形态分化的关键时期，若营养不良，会影响花芽质量，甚至出现雌蕊败育花。这一时期在我国各大樱桃栽培区一般是高温多雨季节，但遇高温、干旱的年份，常使花芽发育过度，出现大量双雌蕊花，形成畸形果。

除了通过加强土肥水管理、构建合理的树体结构、提高树冠内部和外部叶片的光合性能外，还应通过开张枝条角度、摘心、扭梢、环剥、适度干旱、应用植物生长调节剂等技术措施，调节营养生长与生殖生长间的平衡，为花芽分化提供足够的营养物质。

（一）适时开张角度

开张枝条角度是大樱桃重要的成花措施，使枝条呈水平状态，光合产物运输速度减慢、输出量减少、自留量增多，有机营养积累多，对花芽形成有明显的促进作用。同时对大樱桃整形、营养生长、生殖生长及树体光能利用等具有重要的调控作用。

对于幼树中心干上发出的新梢，待新梢长至 20 ～ 30 厘米时，用牙签（或衣服夹子）及时将新梢撑开（或坠开）至 80°～ 90°，保持中心干的生长优势，同时结合开张角度平衡树体，强旺梢早开角，中弱梢晚开角。以上措施可保持枝条充实、芽眼饱满、增加储藏营养，为翌年形成更多的优质叶丛枝打下良好的基础。成龄树一般在 9 ～ 10 月份进行一次性开角，开角过早，新梢前端易上翘生长，也可采取 "S" 形铁丝开角器多次变换位置开角，确保新梢接近水平生长。

大粗枝较难开角，可于 2 月下旬至 3 月上旬，在大粗枝下部适当位置锯割 2 ～ 3 个楔形口，然后用铁丝或绳将其向下拉至合适角度，并将楔形口对死，当年伤口即可愈合。

（二）摘心甩放

枝条梢端萌发的 "五叉头"，新梢及背上新梢留 5 ～ 7 片叶以上摘心，促使下部形成腋花芽，冬剪时一般在摘心部位短截，翌年结果后易形成 "死橛"，要根据结果情况决定是否去留此枝，选择摘心高度（长短）。

对于中心干上部萌发的新梢，根据培养主枝（或结果母枝）的需求，对多余的新梢可采取多次摘心的方式，促其成花，提早结果。一般当外围新梢长至 30 ～ 50 厘米时，留 20 ～ 30 厘米进行 1 ～ 2 次摘心，可有效地促发中、短枝，增加枝量，促进形成花芽。

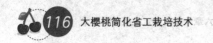

（三）扭梢

扭梢是大樱桃促进花芽形成的主要技术措施之一。扭梢阻碍了叶片光合产物的向下运输和水分、无机养分向上运输，减少枝条顶端的生长量，相对地增强枝条下部的优势，使下部营养充足，有利于花芽形成。

对于背上或生长势较强的新梢，当新梢长至 30～40 厘米、基部 4～5 片叶处半木质化时，用手轻捏住新梢的中下部，左右轻轻扭转 180°，伤及木质部，使新梢下垂或水平生长。扭梢工作可随时进行，主要集中在 5 月底至 6 月初。但要把握好扭梢的时期，扭梢过早，新梢嫩，易折断；扭梢过晚，新梢已木质化且硬脆，不易扭曲，用力过大易折断。

（四）适度干旱

通过起垄栽培、节水灌溉和避雨栽培的有机结合，控制灌水量，从控水的角度控制新梢生长，达到节水控冠的目的，从而利于营养生长向生殖生长转化，促进花芽分化。

（五）应用生长调节剂

现代大樱桃丰产栽培，前期促使树体快速成形，后期一般都采取喷布植物生长调节剂的方法，控制旺长、促进成花，使树提早丰产。通常在定植第三年的 5～6 月份，叶面喷布 PBO 80～120 倍液 1～2 次，具体喷施次数根据上一次喷后树体长势情况而定。

（六）保叶

结合病虫害防治和水分管理保护好叶片，为树体生长发育、开花结果提供营养物质。

二、提高坐果率

根据大樱桃生产中存在的问题，结合大樱桃不亲和组群、自花结实品种的培育和授粉品种的配置等，应采取以下栽培措施提高坐果率。

（一）合理配置授粉树

栽植时，要合理配置授粉品种。一般主栽品种占 60%，授粉品种占 40%。对于小面积的园片，可选择 3 ～ 4 个品种混栽；大面积的园片应栽植多个品种。按樱桃成熟期不同，安排适当的栽培比例，主栽品种和授粉品种分别成行栽植，以便于在采收季节分批采收和销售。

（二）人工辅助授粉

人工授粉在开花当天至花后第四天进行，每天进行一次，一般在上午 9 时左右和下午 3 时左右授粉为宜。

人工辅助授粉的方法有两种：①用鸡毛掸子或毛团、球式授粉器在授粉树及被授粉树的花朵之间轻轻接触授粉，如果结合用鼓风机吹风，则更有利于花粉的传播。②采集含苞欲放的花朵，人工制备花粉。具体做法是，将花药取下，薄薄地摊在光滑的纸盒内，置于无风干燥、温度为 20 ～ 25℃的室内阴干，经一昼夜花药散出花粉后，装入授粉器中授粉。采集花粉的时间，一是在自己园内随时采随时用；二是用储存的大樱桃花粉，即在上一个生长季采粉，采后阴干，阴干后随即装入硫酸纸袋内包好，与干燥剂一起用塑料袋包裹严密之后冷冻储藏。储藏花粉的条件是干燥、避光、低温（-20℃以下）。授粉时，从冷冻箱中取出花粉，在室温条件下放置 4 小时以上再进行人工点授。

授粉器的制作方法是，在注射用青霉素瓶盖上插一根粗铁丝，在瓶盖里侧铁丝的顶端套上 2 厘米长自行车轮胎用的气门芯，并将其端

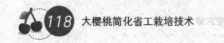

部翻卷即成。人工点授以开花后的一两天效果最好。

（三）蜜蜂等昆虫辅助授粉

大部分大樱桃品种必须异花授粉才能结果，生产中自然授粉受天气的影响较大，而人工辅助授粉则需大量劳动力，随着劳动力价格的不断提高，生产成本也大幅攀升。蜜蜂授粉是一种能够替代人工辅助授粉的科学授粉方法。对减少用工、降低生产成本、保障产量、提高质量、增加效益意义重大。

蜜蜂授粉，一般 2000～3000 平方米放置一箱蜜蜂。若果园面积较小，可以将蜂箱放置在果园内的任意位置；若果园面积在 30 公顷以上，要将蜂群放置在果园中央或分成几组均匀放置在果园内（图 6-1）。

图 6-1　释放蜜蜂

壁蜂是一类野生的蜜蜂，种类很多，全世界范围内的野生壁蜂有 70 多种，经过诱集、驯化，可用来为果树授粉的有近 10 种。目前生产中广泛应用的主要是角额壁蜂和凹唇壁蜂。据研究，释放壁蜂授粉比自然授粉的效率高 1.4～5.6 倍。

壁蜂 1 年繁殖 1 代，1 年有 300 多天在巢内生活，在自然界仅生活 35～40 天，卵、幼虫、蛹均在巢管内发育，以成蜂滞育状态在茧内越冬，必须经过冬季长时间的低温和早春的长光照感应，才能解除滞育，当室内存茧处或自然界温度回升至12℃以上时，茧内成蜂就苏醒破茧出巢、访花、繁殖后代。如果自然界气温已达到12℃，而果树尚未开花，则须将蜂茧存放于0～4℃的冰箱内，延续滞育期，到开花时，再取出蜂茧释放。

（1）放蜂方法

① 巢管制作　用芦苇或纸做管，管的内径粗细因蜂种大小而异，凹唇壁蜂宜用7～9毫米，管长16～18毫米。用利刀将芦苇管割开，一端留节、一端开口，管口磨平或烫平，没有毛刺或伤口，或用16开的报纸以普通铅笔作芯卷成紧实细管，一端用黄泥调成半干状封底。管口染成红、绿、黄、白4种颜色，各色比例为20∶15∶10∶5，巢管50支捆成1捆。底部平，上部高低不齐。

② 巢箱　巢箱有硬纸箱改制、木板钉制和砖石砌成3种。体积均为20厘米×26厘米×20厘米，五面封闭，一面开口，巢顶部前面留有10厘米的檐，保护巢管不被雨水淋湿。纸箱外包一层塑料膜以挡风雨。巢管在箱中的排放方法：一是巢捆式，在箱底部放3捆，上放一硬纸板，突出巢管1～2厘米，上面再放3捆，其上再放一硬纸板，两侧再放纸板，使巢捆固定，不活动；二是阶梯式，将单个巢管每30支整齐的粘贴在硬纸板上，管口前留出1厘米宽的硬纸板，上层的硬纸板边缘与下层巢管口齐，以8～10层巢管呈阶梯状叠在巢箱内，管口前1厘米的硬纸板上是供每天撒授粉树花粉用的。壁蜂出巢时，体毛将花粉带到花朵上授粉，这适用于无授粉树或授粉树缺乏的果园。

③ 蜂茧盒　选装医用注射针剂的纸盒，长、方均可，清洁无异味，在盒的一侧穿3个直径约6.5毫米的孔，供蜂破茧后爬出。盒放在巢管的上面。

④ 巢箱设置　一般每亩放2～4个巢箱，每箱有100～200个巢管，箱底距地面40～50厘米。箱口应朝向东南，宜放在缺株处或

行间，使巢前开阔。山地果园宜放向阳、背风处。箱下的支棍上涂废机油防止蚂蚁、蜘蛛等侵害。巢箱前最好提前栽些油菜、萝卜、白菜等，以弥补前期花源不足。

（2）放蜂时间　可分 2 次放蜂，第一次在花蕾分离、少量花露红时，第二次在初花期。在花前 7～8 天放茧。茧应在花前 15 天，放于 7～8℃的室内，要在开花时，有大量的蜂授粉。为使蜂出得快，可以将茧盒在水中蘸湿，每天早上将空茧皮捡出，3～4 天内可以出蜂完毕，个别不出的，可用小剪刀将茧剪破帮助蜂出壳。也可提前使蜂出来，存放于冰箱内的盒里，开花时于傍晚将盒放入蜂箱，盒上的飞出孔用纸条粘住，早晨将纸条撕掉，蜂即出巢授粉。

（3）放蜂量　每亩放蜂 200～800 头。

（4）挖水坑　壁蜂要用泥土构筑巢室和封堵管口，可在距巢箱约 1 米远处挖一深、宽均为 40 厘米的坑，底上铺塑料膜，在坑内一边放黏土，加水后，泥土潮湿，用细棍在湿泥上横向划缝作洞，也可将泥垒成缝或洞，引诱蜂进洞采泥。坑上用覆盖物掩盖一半。第 3～5 天加 1 次水。山地果园可在堰下、沟渠潮湿隐蔽处挖坑。蜂喜用半干半湿的土，太干太湿都不好。

（5）壁蜂的回收　落花 1 周后，可以收回巢管、巢箱。直到巢前无蜂时，再将巢管、巢箱收回。取巢管时如遭受震动，可造成幼虫死亡，必须轻拿轻放，可将巢管放入袋中，手提、肩挑运回，不可用自行车或机动车运输。在运输或存放时，巢管要平放，不能直立。巢管取回后，将管上的蜘蛛、蚂蚁清理干净，横放在尼龙纱袋内，挂在清洁、阴凉、通风的室内保存，切勿放在堆放粮食、杂物的屋内，以免遭到仓库害虫的侵害。冬季室内不能加温，待早春气温回升时，应将茧放入 0～4℃的冰箱内继续冷藏。大致在春节前将巢管剥开，取出蜂茧，每 500 头为一包，或装入罐头瓶内，置入冰箱。

在放蜂期间，禁止喷洒对蜜蜂有毒害作用的农药。

（四）辅助措施

1. 花期喷施叶面肥

在初花至盛花期，喷布一次丰利惠硼1000～1200倍液＋碧护6克/亩，可显著提高坐果率28%以上。另据试验，在大樱桃盛花期（50%开花）喷施丰利惠硼1000倍液＋道迈丰5000倍液，花序坐果率提高32.3%，花朵坐果率提高26.86%。谢花后连喷两次道迈丰5000倍液，大樱桃果柄短粗，减少生理落果，果实提早5～7天成熟。

2. 花期喷赤霉素（920）

在盛花期前后，各喷布一次30～50毫克/千克的赤霉素液，有助于受精，提高坐果率。赤霉素能增强植物细胞的新陈代谢，加速生殖器官的生长发育，防止花柄或者果柄产生离层，对减少花果脱落、提高结实率具有明显的作用。

三、疏花疏果

（一）疏花疏果的意义

在花量大的情况下，要通过疏花调整负载量，节省养分，利于果实发育，提高果品品质。疏果也是调节树体负载量、提高果品品质的重要措施。通过疏果，可以节省营养、提高坐果率、增大果个、提高果实的整齐度和优质果率、平衡树势，实现果园的丰产与稳产。

（二）疏花芽

疏花芽在花芽膨大期至开花之前进行，一般于冬剪时完成。疏花芽应完成疏花疏果任务量的70%～80%。在花芽发育差的情况下，冬剪时可多留一些花芽，花芽质量好时则少留些。

在实际生产中，果农往往开始舍不得疏花芽，等到结果过多时疏果已造成养分浪费,对提高果品质量效果不明显。在准备冬剪之前,要根据品种、树势确定目标产量并进一步确定留花芽的数量。冬剪时将短果枝和花束状果枝基部的弱小及发育不良的花芽摘除。疏花芽可改善保留花的养分供应,是提高大樱桃单果重的有效措施。通过疏花芽,使每个花束状果枝上留3~4个饱满肥大的花芽,可以增大果个,提高果实品质。

(三)疏花

疏花是在花开后,疏去双子房的畸形花及弱质花,每个花芽以保留2~3朵花为宜。大樱桃成龄树的短果枝和花束状果枝花芽量很大,由于花芽的分化质量参差不齐,相当数量花的花柄较短、质量差,若不进行必要的疏除,将造成储存营养的大量浪费,导致树体养分欠缺,树势衰弱,落花落果,坐果率很低,果实小,品质差,产量不高。同时,还会影响翌年花芽分化,使产量下降,导致大小年结果现象。疏花比疏果省工,节省树体内的养分较多,有利于坐果、稳果。

人工疏花宜在花蕾期进行,疏除基部花,留中、上部花,中、上部花应疏双花、留单花,预备枝上的花全部疏掉。注意,此期间如遇低温或多雨,可不疏花或晚疏花。也可采用盛花期喷施化学药剂(如12.5克/升蚁酸钙制剂)的方法疏除花。

(四)疏果

疏果时期在生理落果后,一般在谢花1周后开始,并在3~4天之内完成。幼果在授粉后10天左右才能判定是否真正坐果。为了避免养分消耗、促进果实生长发育,疏果时间越早越好。疏果应根据树体长势、负载量及坐果情况而定。主要疏除小果、畸形果,留果个大、果形正、发育好、无病虫危害的幼果。疏除因光线不易照到而着色不良的下垂果，保留横向及向上的大果。待幼果长至豆粒大时即可进行疏果。先疏上部、内部、大枝果，后疏下部、外部、小枝果，先疏双果、病果、伤果、畸形果，后疏密生果、小果。通过疏果，可进一步调整植株的负载量，促进果实增大，提高果实含糖量。

四、防止裂果及避雨栽培

（一）大樱桃裂果原因

大樱桃裂果主要发生在果实第二次膨大至临近成熟期，久旱逢雨或突然浇大水往往造成不同程度的裂果，严重影响果实品质和商品价值，甚至有产无收。裂果主要是由于果皮吸收雨水增加膨压或果皮和果肉吸水膨胀速率不一致造成的，属于一种生理性障碍。

（二）大樱桃裂果预防措施

1. 选择抗裂果品种

早、中熟品种由于果实成熟期一般未到雨季，故裂果较轻。晚熟品种成熟期往往赶上雨季，易造成裂果。所以建园时要考虑早、中、晚熟品种合理搭配。

不同品种对裂果抗性有差异，萨米特、先锋等品种果皮厚而且韧性强，不易裂果。

2. 加强果实发育期的水分管理

果实发育期一定要注意大樱桃园的水分管理，保持水分稳定，防止忽干忽湿，保持土壤含水量为田间最大持水量的60%～80%。判断土壤大体含水量，可凭经验用手测法，如果是沙土或沙壤土，用手紧握形成土团再挤压时，土团不易破裂，说明土壤湿度大体为最大持水量的60%左右，一般不必浇水。如果松手后不能形成土团表明土壤水分不足，需灌水。如果是黏壤土，握时能成团，但轻轻挤压则易裂缝，表明水分含量低，需要灌水。干旱时小水勤浇，即多浇过堂水，严禁大水漫灌。有条件最好使用滴灌或微喷设施灌溉，既省水，又省工、省力，同时以水带肥，水肥一体化。

3. 增施钙肥

钙是细胞壁和细胞壁胞间层的组成成分，果实中钙的含量与降水引起的裂果敏感性有关，钙含量高者裂果率较低。同时，施钙肥可增加大樱桃的果实密度。据试验，大樱桃落花后至采收前喷施 3 次2000 倍果蔬钙肥，果实密度增加 6.45%，裂果率减少 31.4%，防效达77.7%，同时，提高了果实表面光泽度、硬度，延长货架期 3 天左右。

4. 避雨栽培

大樱桃露地栽培，果实在二次膨大后接近成熟期，遇降雨易裂果，造成很大损失。为此，随着大樱桃生产的发展，避雨栽培必将作为一项重要栽培措施被推广。

防雨棚不仅用于避雨、防裂果，对于易受早春花期晚霜危害的园块来说，还具有花期防冻、提高坐果率的作用，同时还可延迟采收 1 周左右。

防雨棚一般顺树行搭建，宽度为 8～10 米（2～3 行树），高度高出树高 50 厘米左右。沿行间方向埋设直径为 1 寸（公称直径 25 毫米）的镀锌铁管，5～6 米埋设一根立柱，地下埋深为 30～40 厘米，并用水泥混凝土固定，立柱之间用 1 寸的铁管纵向连接，横向用4 分（公称直径 15 毫米）铁管支成拱形焊接在纵向管上，间距 1.5 米左右一个，拱形架之间用钢筋连接。为了增强防雨棚的抗风能力，棚的两端和内侧要用铁管撑拉。在果实临近成熟时覆盖透光率好的塑料薄膜，并用压膜线固定好。塑料薄膜收放可采用电动方式，省工省力（图 6-2、图 6-3）。

图6-2　防雨棚

图6-3　连栋式防雨棚

第七章

病虫害综合防治技术

　　为了能有效控制病虫害，改善大樱桃果品质量，生产出符合质量标准的优质果品，提高大樱桃在国内外市场上的竞争力，提高经济效益，改善生态环境，必须贯彻"预防为主，综合防治"的植保方针。强调以栽培管理为基础的农业防治，提倡生物防治，注意保护天敌，充分发挥天敌的自然控制作用。提倡生态防治和物理防治。按照病虫害的发生规律，选用高效低毒的生物制剂和化学农药适时防治。

一、病虫害防治的原则及方法

　　一般情况下，防治大樱桃病虫害有 4 种方法，即农业防治、物理防治、化学防治和生物防治，其防治原则及方法如下。

（一）农业防治

　　农业防治是根据树体、有害生物、生态环境三者之间的关系，运用一系列农业技术，改变生态系统中某些条件，使之不利于有害生物的生存发展，而有利于大樱桃树生长发育，增强树体对有害生物的抵抗能力。农业防治可操作性强且不污染环境，在果品安全生产中是优先采用的防治方法。主要措施如下。

1. 培育健壮无病毒苗木

　　大樱桃根癌病等根部病害和病毒病较严重，发病的诱因较多，主要是土壤中存在致病病原、苗木根系和接穗带有病菌。对病毒病的防治，目前尚无有效的方法和药剂，主要是根据传播、侵染、发病的特点，隔离病原及中间寄主，切断传播途径，严禁使用染毒的砧木和接穗，繁育健壮无病毒苗木。

2. 合理密植间作，避免重茬

确定定植密度既要考虑提前结果及丰产，又要注意果园通风透光、便于管理。果园间作绿肥及矮秆作物，可以提高土壤肥力，丰富物种多样性，增加天敌控制效果。老果园应进行土壤处理后再栽树，并避免栽在原来的老树坑上。

3. 加强管理，增强抵御病虫害的能力

加强土肥水管理，合理修剪，采取疏花、疏果、控制负载量等措施，增强树体抗病能力。秋末冬初彻底清除落叶和杂草，消灭在其上越冬的病虫，可减少病虫越冬基数。冬季修剪时，将在枝条上越冬的卵、幼虫、越冬茧等剪去，减轻其翌年的发生与为害；夏剪改善树体通风透光条件，抑制病害发生。

（二）物理防治

物理防治是应用物理学原理防治病虫害，主要方法如下。

1. 利用昆虫的趋光性

果园设置黑光灯或杀虫灯（彩图7-1），可诱杀多种果树害虫，将其危害控制在经济损失水平以下。频振式杀虫灯利用害虫有较强的趋光、波、色、味的特点，将光波频率调在特定的范围内，近距离用光，远距离用波、色、味引诱成虫扑灯，灯外配以频振高压电网触杀，降低田间落卵量，减小虫口基数。

2. 诱杀越冬害虫

越冬前诱集害虫并于翌年集中消灭。利用害虫在树皮裂缝中越冬

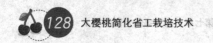

的习性，树干上束草把、破布、废报纸等，诱集害虫越冬，翌年害虫出蛰前集中消灭。

3. 冬季树干涂白

涂白可防日灼、冻害，也可阻止天牛等害虫产卵为害。

（三）化学防治

化学防治是指利用化学合成的农药防治病虫。在我国目前条件下，化学农药对病虫害的防治仍起着不可替代的作用。由于其对环境有着一定的破坏作用，因此必须科学使用，使其对环境的影响降到最低程度。化学农药安全使用标准和农药合理使用准则，应参照 GB/T 4285 和 GB/T 8321 执行。

（四）生物防治

生物防治指利用生物活体或生物农药控制有害生物，如天敌昆虫，植物源、微生物源和动物源农药及其他有益生物的利用。生物防治不对环境产生不良反应，对人、畜安全，在果品中无残留。目前生物防治病虫害主要采用以下途径。

1. 保护和利用天敌

大樱桃是多年生果树，果园生态系统中物种之间是相互制约、相互依存的关系，各物种在数量上维持着自然平衡，使许多潜在害虫的种群数量稳定在危害水平以下。这种平衡除受物理环境的限制外，更主要是受到果园天敌的控制。果园天敌种类十分丰富，据不完全统计达 200 多种，仅经常起作用的优势种就有数 10 种，如七星瓢虫、草蛉等。因此，在果园生产中，应充分发挥天敌的自然控制作用，避免采取对天敌有伤害的防治措施，尤其要限制广谱有机合成农药的使用。同时，改善果园生态环境，保持生物多样性，为天敌提供转换寄主和良好的繁衍场所。冬季刮树皮时注意保护翘皮下的天敌，发现天敌后妥善保存，放进天敌释放箱内，让寄生天敌自然飞出，增加果园中天敌数量。有条件的地区可以人工饲养和释放天敌。

2. 利用昆虫激素防治害虫

目前，我国生产梨小食心虫、桃小食心虫、苹小卷叶蛾、苹果褐卷叶蛾、桃蛀螟、桃潜蛾等害虫的专用性诱剂，主要用于害虫发生期测报、诱杀和干扰交尾。

3. 其他

利用真菌、细菌、放线菌、病毒、线虫等有益微生物或其代谢产物防治果树病虫。目前，用苏云金杆菌防治鳞翅目幼虫、利用昆虫病原线虫防治金龟子幼虫、用阿维菌素防治鳞翅目害虫和红、白蜘蛛有较好的效果，用农抗120防治腐烂病，具有复发率低、愈合快、用药少、成本低等优点。

二、大樱桃生产常用药剂

（一）常用杀虫剂

过去防治大樱桃害虫的药剂主要是有机磷杀虫剂，随着一些高毒、高残留的有机磷农药被禁止使用，如今要求采用高效、低毒、低残留的药剂来防治害虫和害螨。与苹果、梨、桃、葡萄等果树相比，大樱桃的虫害种类较少，使用的化学农药量也少，建议生产上在防治害虫时采用国家推荐的无公害农药。

（1）2.5%高效氯氰菊酯乳油　拟除虫菊酯类杀虫剂，具有触杀、胃毒作用，对毛虫、刺蛾、桑白蚧若虫有较好防治效果。使用浓度为1000～1500倍液。

（2）敌杀死（溴氰菊酯）　乳油制剂，有效成分含量25克/升，防治樱桃大青叶蝉、椿象、刺蛾等，在卵孵化盛期、低龄幼虫高峰期使用。使用浓度为1500倍液。

（3）亩旺特（螺虫乙酯）　有效成分含量 22.4%，悬浮剂，低毒，具有双向内吸传导作用，持效期长达 40 天以上，对大樱桃桑白蚧有特效，同时兼治叶螨和蚜虫，一药多治，省工、省时、省钱。生长期喷布 4000 倍液，对叶片和果实安全。

（4）啶虫脒　20% 的可溶性粉剂，低毒，为吡啶类杀虫剂，具有触杀、胃毒和渗透作用，用于防治樱桃蚜虫，1500 倍液喷雾。

（5）灭幼脲　25% 的悬浮剂，低毒，是苯甲酰基脲类杀虫剂，其作用机理是抑制昆虫体内几丁质的合成、干扰昆虫表皮的形成，从而导致昆虫死亡，用于防治樱桃毛虫、刺蛾等鳞翅目害虫幼虫。使用浓度为 1500 ～ 2000 倍液。

（6）灭蝇胺　10% 的悬浮剂，低毒，用于防治大樱桃果蝇，在果蝇发生初期，树上喷雾 1000 倍液，安全间隔期 7 天。

（7）果瑞特　饵剂，低毒，是防治果蝇类害虫的诱杀剂，可以同时诱杀雌、雄成虫，耐雨水冲刷。作用机理是利用果蝇羽化后需要大量补充营养的特性，通过诱剂的特殊气味，引诱果蝇成虫取食，并通过胃毒和触杀作用杀灭果蝇。每亩用量为 360 ～ 540 克 / 次，用于树干或树下杂草上点喷，不接触叶片和果实，安全无残留，每人每天可喷 10 ～ 15 亩，省工、省力。

（8）磷化铝　56% 的片剂，片剂遇空气潮解后释放磷化氢气体，具有很高的杀虫活性，用于防治大樱桃红颈天牛、吉丁虫等蛀干害虫幼虫，每个虫孔投药 5 ～ 10 克，用黏土封堵洞口，防止磷化氢气体挥发。

（9）敌敌畏　77.5% 的乳油，中等毒性，为胆碱酯酶抑制剂，具有触杀、胃毒、熏蒸作用，对嚼咀式和刺吸性口器害虫防效好，蒸气压高，易分解。防治红颈天虫幼虫，用棉球蘸原液塞进天牛危害洞内，用黏土封闭洞口。

（10）阿维菌素　1.8% 的乳油，低毒，为生物杀虫剂，对害虫、害螨有胃毒和触杀作用，用于防治大樱桃鳞翅目害虫和红白蜘蛛，使用浓度为 3000 倍液喷雾。

（11）性诱剂　又叫性信息素，是由性成熟雌虫分泌以吸引雄虫前来交尾的物质。不同昆虫分泌的性信息素不同，所以具有专一性。目前，可以人工合成部分昆虫的性信息素，加入载体中做成诱芯，用于诱集同种昆虫，从而达到害虫预测、预报和防治的目的。中国科学院动物研究所已经研制出梨小食心虫诱芯、桃小食心虫诱芯、桃蛀螟诱芯、潜叶蛾诱芯、卷叶蛾诱芯等。

（二）常用杀菌剂

杀菌剂根据作用途径可分为铲除剂、保护剂、治疗剂。铲除剂是指用于树体消毒的杀菌剂，常于发芽前使用。保护剂是指阻碍病菌侵染和引起发病的药剂，一般在病害发生之前预防使用。治疗剂是指病菌侵染或植株发病后，能杀死病菌或抑制病菌生长、控制病害发生和发展的药剂。目前生产上常用的杀菌剂品种如下。

（1）石硫合剂　石硫合剂是一种广谱保护性杀菌剂，对白粉病有效，兼杀红蜘蛛，一般于休眠期喷干枝使用，铲除树体上的越冬病虫。

（2）72% 硫酸链霉素　为可湿性粉剂，有内吸性，可起到治疗和保护作用，用于防治大樱桃细菌性穿孔病，使用浓度为 3000 倍液喷雾。

（3）戊唑醇　为内吸性三唑类杀菌剂，具有保护、治疗、铲除三大功能。用于防治大樱桃炭疽病、褐斑病，使用浓度为 4000 倍液喷雾。

（4）中生菌素　3% 的可湿性粉剂，本品为 N- 糖苷类生物源抗生素，对病原细菌的作用机理为抑制菌体的蛋白质合成，从而导致病菌死亡。喷到植物体上后，可刺激植物体内植保素、木植素前体物质的合成，提高植物的抗病性。喷施 800 ～ 1000 倍液，可防治大樱桃穿孔病、流胶病、溃疡病。

（5）唑醚·代森联　总有效成分含量 60%，吡唑醚菌酯含量 5%，代森联含量 55%，水分散粒剂。低毒，有较宽的杀菌谱和较高的杀菌活性，具有阻止病菌侵入、防止病菌扩散和清除体内病菌的作用，早期使用可阻止病菌侵入，并提高树体免疫能力，减少发病次数和用药次数。多雨季节使用，喷施 3500 ～ 4000 倍液可防治大樱桃炭疽病和斑点落叶病。

（6）抑霉唑硫酸盐　75% 的可溶粒剂，低毒，为咪唑类内吸性杀菌剂，具有治疗和触杀保护作用，对大樱桃灰霉病有特效。树上使用浓度为 4000 倍液喷雾。

（7）丙唑·多菌灵　总有效成分含量 35%，丙环唑含量 7%，多菌灵含量 28%，悬浮剂，微毒，具有保护和治疗双重作用。春季樱桃萌芽前树上喷布 400 倍液可铲除越冬病原菌，也可稀释 10 倍刷树干、主枝防治流胶病、干腐病。省工、省力。

（8）喷克（美国仙农公司）　为 80% 代森锰锌可湿性粉剂，低毒，保护性杀菌剂，锰锌离子完全以络合结构存在。既结合了锌成分对作物的安全性，又发挥锰成分的良好药效。该产品可缓慢释放，药效持久、稳定、安全。用于防治樱桃穿孔病、炭疽病、灰霉病等多种真菌病害。应在发病前期或发病初期使用，可与多种农药、叶面肥混合使用，达到省工、省时、省力效果。使用浓度为 600 ～ 800 倍液喷雾。

（9）明赛（美国仙农公司）　为 80% 的硫黄水分散粒剂，低毒，有效成分含量高，活性高，黏附性好，易溶解，不沉淀，耐冲刷。用于防治大樱桃干腐病、腐烂病、白粉病等真菌性病害。春季萌芽前，喷施 200 ～ 300 倍液，清园。可取代石硫合剂。

（10）科博（美国仙农公司）　含有效成分 78% 的可湿性粉剂（波尔多液含量 48%，代森锰锌含量 30%），低毒，是代森锰锌与波尔多液混配的产品，实现了保护剂与铜制剂的科学配伍，对真菌病害和细菌病害有预防和治疗作用。喷施 400 倍液，可防治大樱桃穿孔病、灰霉病、炭疽病、褐斑病。可取代波尔多液。

（11）氟硅·咪鲜胺（炭疽无踪）　总有效成分含量为 62.5%（氟硅唑 12.5%，咪鲜胺 25%，戊唑醇 25%），低毒，可湿性粉剂，氟硅唑为内吸性三唑类杀菌剂，在药物喷施后能迅速被植物吸收传导，抑制麦角甾醇的生物合成，因而阻碍菌丝的生长发育，从而达到防病治病的效果。咪鲜胺是咪唑类杀菌剂，可被内吸、传导，具有预防、保护、治疗等多重作用，氟硅、咪鲜胺、戊唑醇三者复配可高效铲除和防治大樱桃炭疽病，施用浓度为 1500 倍液喷雾。

（12）甲基硫菌灵　又名甲基托布津，是一种内吸性广谱杀菌剂，具有预防和治疗作用。用于防治樱桃叶片和果实的多种真菌病害。

（13）百菌清　又名达科宁，是一种保护性广谱杀菌剂，对多种植物病害有预防作用，对侵入植物体内的病菌作用效果有限。可用于防治樱桃穿孔病、果腐病。

（14）异菌脲　又名扑海因，是一种广谱触杀型杀菌剂，具有一定的治疗作用，用于防治花腐病、灰霉病、叶斑病。

（15）K84 菌剂　是一种没有致病性的放射形土壤杆菌，能在植物根部生长繁殖，并产生选择性抗生素，对控制根癌病菌有特效。属于生物保护剂，只有在病菌侵入之前使用才能获得较好的防治效果。据试验，由 K84 菌剂处理的樱桃苗木根癌病发病率是 0.5%，而且肿瘤的个体也明显小于对照区。

（16）苯醚甲环唑　苯醚甲环唑有内吸性，具有保护和治疗双重效果，其通过输导组织输送到植物全身。喷雾时用水量一定要充足，全株均匀喷药。施药应选早晚气温低、无风时进行。晴天空气相对湿度低于 65%、气温高于 28℃、风速大于 5 米每秒时，应停止施药。但为了尽量减轻病害造成的损失，应充分发挥其保护作用，因此施药时间宜早不宜迟，在发病初期进行喷药效果最佳。防治大樱桃穿孔病、褐斑病，喷施浓度为 1000 倍液喷雾。

（三）常用杀螨剂

（1）螺螨酯（螨清）　有效成分含量 34%，悬浮剂，低毒，属于非内吸性杀螨剂，是主要通过胃毒、触杀防治卵、若螨和雌成螨的杀螨剂。其作用机理为抑制害螨体内脂肪合成、阻断能量代谢，与常规杀螨剂无交互抗性，杀卵效果突出，并对不同发育阶段的害螨（雄性成螨除外）均有较好的防效。使用方法为6000倍液喷雾。

（2）三唑锡　25%的可湿性粉剂或20%的悬浮剂，低毒，是新型有机型专性杀螨剂，是以触杀作用为主的广谱性杀螨剂。对多种害螨的成螨、幼螨、若螨、夏卵均有很好的防治效果。在大樱桃栽培中防治红蜘蛛、二斑叶螨，可在谢花后和6月中、下旬使用1500倍液喷雾，控制全年螨类危害。

（四）生长调节剂

（1）PBO　主要成分有细胞分裂素BA（促花激素）、生长素衍生物ORE、坐果剂、生长延缓剂、防冻剂、防裂素、杀菌剂、光亮剂等及十多种微量元素，大樱桃旺树花前喷施80～100倍液可提高坐果率，5月中、下旬喷施180～200倍液，7月中旬再喷一次，可控梢、促进花芽生成。另外，用10倍的PBO液涂干或旺枝可控制营养生长。与人工修剪相比工作量小，省工、省力，行之有效。

注意，PBO不能与农用链霉素混用，防止药害。

（2）促花、优果、免剪宝　是由氮磷钾等多种营养元素和促花剂、生长延缓剂、增糖着色剂、防裂素等增效活性物质组成的多功能营养调理剂。作用机理是通过平衡营养、调控樱桃树体内不同激素的含量和比例，以达到有效控制营养生长、促进成花结果的目的。具有控梢、促花、优果、提高抗逆性的作用。使用时期为春季花芽露红至花后半个月或采果后到落叶前，适用初果期壮树或适龄不结果的旺树，按1:1兑水后，刷主枝基部10～20厘米宽，使用方便，省工、省时，安全可靠。

（五）农药科学使用

目前，施用农药是快速有效控制农业病虫的一种手段，但是如果施用不当，不仅达不到理想的防治效果，而且还会带来很多不良后果，如环境污染、伤害有益生物、病菌和害虫产生抗药性等。如何科学合理地使用化学农药，应该注意以下几个方面。

第一，根据防治对象及其发生特点，选择最有效的药剂和施药时期。每种害虫、病害在发生阶段都有对药剂最敏感的时期，在这个时期用药，不仅防治效果好，而且用药量少、减少农药污染。如介壳虫在初孵幼虫期没有介壳并且虫体蜡质层薄，药剂容易穿透虫体体壁发挥药效，此时是防治介壳虫的关键时期。

第二，农药用量要准确，不可随意加大和减小用量。农药的推荐用量是经过科研单位专门进行药效试验确定的有效用量，随意加大农药用量不仅浪费药剂、加速病虫抗药性的产生，同时会污染环境和伤害天敌生物，有可能产生药害；减小用量防治效果会下降（彩图7-2）。

第三，选择合理的施药器械和施药方法。农药有多种剂型，分为乳剂、可湿性粉剂、粉剂、颗粒剂、油剂、水剂等，不同的剂型需要用不同的施药器械和施药方式才能达到满意的效果。乳剂和可湿性粉剂需要兑水喷雾使用；粉剂需要喷粉器械直接喷粉施用；颗粒剂需要撒施到土壤或水面使用；油剂需要超低容量喷雾器喷雾施用。

另外，大樱桃属于大树冠果树，用药液量大，适合选用高压机动喷雾器械，这样可以使药剂全面均匀地覆盖到叶片、果实、枝干等的表面，使病虫无藏身和逃避之地，以彻底消灭病虫。

第四，科学混用和交替施用农药。农药混配和混用不是指将任意两种或多种药剂简单混在一起，必须根据其物理和化学特性、作用特点、防治目的，选择适合的药剂进行混合，方能达到扩大防治范围、增强防治效果、减缓病虫抗药性产生、节约用工的目的，否则，可能会出现药害、减效、增毒等后果。如菊酯类杀虫剂与碱性农药石硫合剂、波尔多液混用，会出现水解现象，降低药效。

目前，有许多已经加工好的混配制剂可以直接使用。生产上需要混用农药时，需先取少量药剂混在一起，喷洒到个别枝条上，观察混合后是否产生沉淀、结絮，对防治对象效果如何，对大樱桃有无药害等。

一般害虫在连续多次用一种农药防治后，容易对该药剂产生抗药性，同时也对同类药剂产生交互抗性，防治效果显著下降。因此，在同一年份，果园内必须几种、几类药剂交替使用，以免病虫产生抗药性，保证防治效果。

三、主要病害及防治

大樱桃的病害根据其病原、发病原因等分为侵染性病害（真菌、细菌、病毒等引起的病害）和非侵染性病害（生理病害、冻害、伤害等）。

侵染性病害是由真菌、细菌及病毒等病原引起的病害，一般具有侵染性，主要采取农业防治和化学防治的措施。

非侵染性病害发病的原因比较多，如因涝、旱、低温、高温、树干树根的创伤等原因引起的流胶、裂果、裂干、萎蔫等病症；因土质盐碱、缺乏某种营养元素等原因引起的缺素症状等，这类病害都要根据具体的发病原因采取相应的栽培防治措施。

危害大樱桃的主要病害及防治方法如下。

1. 细菌性穿孔病（彩图 7-3）

细菌性穿孔病病原是黄单胞杆菌属的一种细菌。

细菌性穿孔病的病原细菌主要在春季溃疡斑内越冬，翌春抽梢展叶时细菌自溃疡斑内溢出，通过雨水传播，经叶片的气孔、枝条及果实的皮孔侵入，幼嫩的组织易受侵染。叶片一般于 5～6 月开始发病，雨季为发病盛期。春季气温高、降雨多、空气湿度大时，发病早而重。夏秋雨水多，可造成大量晚期侵染。具有潜伏侵染性，在外表无症状的健康枝条组织中也潜伏有细菌。

细菌性穿孔病可以危害叶片、新梢及果实。叶片受害时，初期产生水渍状小斑点，后逐渐扩大为圆形或不规则形状，呈褐色至紫褐色，周围有黄绿色晕圈，天气潮湿时，在病斑背面常溢出黄白色黏质状的菌脓。病斑脱落后形成穿孔或仍有一小部分与健康组织相连。发病严重时，数个病斑连成一片，使叶片焦枯脱落。

危害枝梢时，病斑有春季溃疡和夏季溃疡两种类型。

（1）春季溃疡斑　春季展叶时，上一年抽生的枝条上潜伏的病菌开始活动危害，产生暗褐色水渍状小疱疹，直径2毫米左右，以后扩大到长1～10厘米，宽不超过枝条直径的一半；春末夏初，病斑表皮破裂，流出黄色菌脓。

（2）夏季溃疡斑　夏末，于当年生新梢上，以皮孔为中心，形成水渍状暗紫色斑，圆形或椭圆形，稍凹陷，边缘水渍状，病斑很快即干枯。

危害果实时，初期产生褐色小斑点，后发展为近圆形、暗紫色病斑。病斑中央稍凹陷，边缘呈水渍状，干燥后病部常发生裂纹。天气潮湿时病斑上出现黄白色菌脓。

细菌性穿孔病的防治方法如下。

① 早春果园大清扫，清除枯枝落叶、病僵果，焚烧或深埋，清除越冬病原菌。

② 发芽前树上喷布5～10波美度的石硫合剂，铲除越冬病菌。

③ 花后10天开始，每隔10～15天喷一次72%的农用链霉素可湿性粉剂2000倍液，或90%的新植霉素3000倍液，或65%的代森锌可湿性粉剂500倍液等。果实采收后，可喷1：2：200的波尔多液。

2. 穿孔性褐斑病（彩图7-4）

穿孔性褐斑病是由真菌 *Cercospora circumscissa* Sacc. 引起的。病原菌主要以菌丝体在病叶、枝梢病组织中越冬，翌春气温回升时形成分生孢子，借风雨传播，侵染叶片、新梢和果实。此后，病部多次产生分生孢子，进行再侵染。病菌在7～37℃下均可发育，适温为25～28℃。低温多雨利于病害的发生和流行。

穿孔性褐斑病可以危害叶片、新梢和果实。叶片受害初期，产生针头大小带紫色的斑点，逐渐扩大为圆形褐色斑，边缘红褐色或紫红色，直径 1 ～ 5 毫米。病斑在叶片两面都能产生灰褐色霉状物。最后病部干燥收缩，周缘与健康组织脱离，病部脱落，叶片穿孔，穿孔边缘整齐。新梢和果实上的病斑与叶片上的病斑类似，空气湿度大时，病部也产生灰褐色霉状物。

穿孔性褐斑病的防治同细菌性穿孔病。

3. 根癌病（彩图 7-5）

又名根瘤病、根头癌肿病、冠瘿病等。根癌病是由根癌细菌 *Agrobacterium tumefaciens*（Smith et Towns）Conn. 引起的，该菌属于土壤杆菌属。发育温度为 10 ～ 34℃，最适温度为 22℃，致死温度为 51℃（10 分钟）。耐酸碱范围为 pH 值 5.7 ～ 9.2，最适 pH 值为 7.3。

根癌细菌主要存在于病瘤组织的皮层，在病瘤外层被分解和破裂之后，或随病瘤脱落，病菌即进入土中，雨水和灌溉水均可促其传播。根癌病原菌可在土中存活一年以上。地下害虫和线虫也可传播病菌。苗木带菌是远距离传播的主要途径。

根癌病原菌主要通过嫁接口、机械伤口、虫伤、雹伤及冻害伤等各种伤口侵入，也可通过气孔侵入。细菌侵入后刺激周围细胞加速分裂，形成癌瘤。病菌潜伏期在几周至一年以上。病菌在导管内可进行较长距离运行。

根癌病的发病期较长，6 ～ 10 月均有病瘤发生，以 8 月发生最多，10 月下旬结束。土壤湿度大有利于发病，土温 18 ～ 22℃时最适合癌瘤的形成。土质黏重、排水不良时发病重。土壤碱性发病重，土壤 pH 值在 5 以下时很少发病。起苗、定植、剪根、田间作业伤根，均利于病菌侵入而发病。连续多年育苗的地块或老果园清理后再植，均易发病。不同砧木类型发病情况亦不同，如考特发病极重。原产寒地的本溪山樱在温暖地区发病重。

根癌病可发生于树体的多个部位，通常见于根颈处、侧根及支根上、嫁接口处，发生于根颈处及嫁接口处的根癌危害性最大。病瘤为球形或不规则的扁球形，初生时呈乳白至乳黄色，逐渐变为淡褐色至深褐色。瘤内部组织初生时为薄壁细胞，愈伤组织化后渐木质化，瘤表面粗糙，凹凸不平。往往几个瘤连接形成大的瘤，导致树势极度衰弱。一旦瘤体死亡腐烂，往往沿其与树干、大根相连的木质部发展导致这些组织坏死，继而引起全株死亡。在果实发育的硬核期至第二次膨大期（营养临界期）和雨季往往引起大量死树。侧根及支根上的根瘤不致马上引起死树，栽培条件改善、植株健壮生长往往自行腐烂脱落，不再影响植株生长发育。

具有根癌病的植株，由于树势较弱、长梢少，往往形成大量短枝并形成大量花芽。根癌较轻时，可正常开花坐果，且坐果率很高，但花期略晚，展叶亦迟，果实可正常发育。根癌较重时，花期更晚，展叶更差，坐果率低，果实发育中途大量脱落、只有小部分发育至最后，但个小、品质差。严重时，在果实发育硬核期造成植株突然死亡。

根癌病的防治方法如下。

（1）繁育无毒苗木　由于根癌病菌可在土壤中存活几年，并且有潜伏侵染特性，因此应选择在生茬地进行育苗，最好每年轮换地块，防止土壤带菌。严禁从病园采集接穗等繁殖材料，最好通过组织培养方法获取无毒苗木。

（2）选用抗病能力强的砧木　选用大青叶、马哈利等抗病能力强的砧木，尽量不用考特、莱阳矮樱桃作砧木。

（3）苗木消毒处理　苗木出圃后和定植前，认真检查，淘汰病苗。嫁接口以下，用1%的硫酸铜液浸泡5分钟，再投入2%的石灰水中浸1分钟，进行杀菌消毒处理。

（4）生物防治　利用K84菌剂对苗木在定植前蘸根（0.5千克K84菌剂处理30～50株苗）；或对2～3年生幼树扒开根颈处土，用30倍的K84菌剂灌根，每株灌1～2千克。也可用根苗壮（含放线菌）在定植时每株树苗施用0.1千克，移栽大树每株施1～2千克，

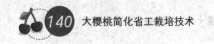

可有效防止根癌发生。

（5）栽培管理技术　施肥除草等尽量避免造成伤口，增施生物有机肥，调节土壤 pH 值至 6.5～7，防止积水涝害，营造不利于病菌生存的环境。采取滴灌、微喷技术，禁止大水漫灌，以防病菌随水流传播。

（6）刮治病瘤　早期发现病瘤时，用利刀及早切除，伤口用 3% 的琥珀酸铜胶悬液 300 倍液或 5 波美度的石硫合剂保护。刮下的病瘤要立即烧毁，不可深埋。

（7）加强检疫　带菌病苗禁止出圃和调运，应彻底烧毁。

4. 干腐病

枝干干腐病的病原为真菌，病菌以菌丝、分生孢子和子囊孢子借风雨传播危害，5～10 月间均可发生，生长季前期发病重，树势弱时发病重。

干腐病主要危害主干和大枝，尤以大紫品种易感此病。发病初期，病斑呈暗褐色，形状不规则，病部树皮坚硬，常渗出茶褐色黏液，果农俗称其为"冒油"。后期病部干缩凹陷，周缘开裂，表面密生小黑点，为分生孢子器和子囊壳。严重时可引起全枝乃至全树枯死。

防治方法：注重栽培管理，增强树势，提高树体抗病能力；加强树体保护，尽量减少机械伤口、冻伤和虫伤，及时剪除枯死枝；生长季用 10 倍园果缘（丙唑·多菌灵）刷树干。

5. 流胶病（彩图 7-6）

流胶病是危害大樱桃最严重的病害之一，发病原因复杂，规律难以掌握，不易彻底防治，所采取的各种防治措施针对性均不强。轻者造成树势衰弱，重者枝干枯死，造成死树，严重制约了大樱桃生产的发展。

流胶病多发生于大枝与主干，开始时病部皮层呈膨胀状隆起，用手按略有弹性，随后流出半透明黄色树胶，树胶与空气接触后逐渐变成红褐色，呈胶冻状，干燥后变成红褐色至茶褐色的硬块。流胶严重的枝干，树皮开裂，布满胶块，木质部与韧皮部坏死，造成大枝死亡。当年生新梢受害，以皮孔为中心，产生大小不等的坏死斑并流胶。

流胶病一般在整个生长季均可发生，春季自树液开始流动，即有枝干流胶；进入雨季，尤其是新梢停长后，经过长期干旱偶降大雨或大水漫灌时，流胶更重。土壤黏重、长期过于潮湿或积水均易引起流胶。偏施氮肥也易引起流胶。枝干病害、虫害、冻害、日烧及其他机械伤害造成的伤口，也易引起流胶。因此，一般认为流胶病是一种生理性病害，是由于各种原因引起的大樱桃植株生理代谢失调。

流胶病防治方法如下。

（1）改良土壤　对土壤进行改良，尤其是黏重土壤，要增施有机肥，增加有机质，提高土壤通透性，促进根系生长发育，保持中庸健壮树势，提高树体抗病能力。

（2）保护伤口　保护各种伤口，防止天牛、吉丁虫等蛀干害虫。拉枝和疏除大枝应在生长季进行，减少人为造成机械伤。树体涂白，防止日烧及病害。

（3）加强水分管理　小水勤灌，防止忽干忽湿造成生长伤。保持土壤含水量稳定在 70%～80%。

（4）药剂防治　对已发生流胶的树体，待雨后除去胶状物，用园果缘（丙唑·多菌灵）15～20 倍液或妙康（辛菌胺）3～5 倍液涂抹病斑，7～10天1次，共两次，或采用中生菌素 800～1000 倍喷雾。

6. 叶斑病

大樱桃叶斑病的病原为真菌，在落叶上越冬，翌春天气转暖后形成子囊及子囊孢子。在大樱桃开花期间子囊孢子成熟、散落，随风雨传播，侵染幼叶。病菌侵入幼叶后，有 1～2 周的潜伏期，之后出现发病症状，随后产生分生孢子，进行多次侵染。

叶斑病主要危害叶片，有时危害叶柄和果实。叶片受害后产生褐色或紫色不规则坏死斑，病斑大而圆，叶背面产生粉色霉点，病叶易早落。

防治方法如下。

（1）壮树防病，清洁田园　增强树势，合理修剪，改善通风透光条件，树下透光率达到30%以上。秋季落叶后，清理落叶，深埋或烧毁。

（2）休眠期防治　春季发芽前，喷布园果缘400倍液或明赛200倍液，或5～8波美度石硫合剂，铲除越冬病原菌。

（3）生长期防治　花后7～10天开始，每10天左右树上喷药1次，药剂种类：喷克600～800倍液、凯歌1000～1200倍液交替使用2～3次，雨季喷施科博（美国仙农公司）500～600倍液或1∶2∶200的波尔多液2～3次。

7. 腐烂病

腐烂病的病原为子囊菌亚门的 *Valsa leucostoma*（Pers.）Fr.，无性阶段为半知菌亚门的 *Cytospora leucostoma* Sall.。病菌以菌丝体、分生孢子器和子囊壳在枝干病组织中越冬。翌春菌丝开始扩展危害。3～4月间病菌孢子散出，借风雨传播，通过伤口和皮孔侵入皮层。病害一般在3～4月份开始发生，5～6月份危害最重，7～8月份病势缓慢，9月份又趋上升，11月份停止活动。

腐烂病主要危害主干、主枝。受害初期症状不明显，随后病部稍凹陷，渐变为紫褐色，为长椭圆形病斑，表面密布胶点。病斑组织肿胀松软，呈黄褐色腐烂，有酒糟气味。在弱树、弱枝上，病斑上下扩展很快，形成长条形病斑。后期病部干缩凹陷，密生黑色小点，即病菌的子座，子座内埋藏有分生孢子器，空气潮湿时，从中涌出黄褐色丝状分生孢子角。

树势衰弱、伤口过多、地势低洼、土壤黏重、排水不良、偏施氮肥等不良栽培管理的做法，都会加重腐烂病的发生。树体受冻后也往往引起腐烂病大量发生。

防治方法如下。

（1）加强栽培管理　增施有机肥料，增强树势，提高树体抗病能力，防止土壤干旱和积水。疏花疏果，合理负载，平衡树势。

（2）及时防治病虫害　树干涂白，防止冻害发生，及时防治其他病虫害，减少各种伤口。

（3）消灭越冬病原　刮除老翘皮、干皮，捡出病枝，清理病果，集中销毁。

（4）刮治病斑　发病初期病斑较小，应及时刮除病斑，并刮掉四周一些好皮。病斑刮除后，用聚糖果乐 200 倍与 4% 的农抗 120（果树专用）200 倍混合液涂药保护。病斑较大时，可在病部及病斑边缘用利刀划道涂药治疗，即用刀在病部纵向划 0.5 厘米宽的痕迹，然后于病部周围健康组织 1 厘米处划痕封锁病菌，以防扩展。随即涂上述药剂保护伤口。

（5）涂药保护　5～6 月轻刮老翘皮后，对主干及大枝下部，涂 200 倍农抗 120。

8. 灰霉病（彩图 7-7）

灰霉病主要危害幼果及成熟果实。初侵染时，病部呈水渍状，果实变褐色，后在病部表面密生灰色霉层，果实软腐，最后病果干缩脱落，并在表面形成黑色小菌核。

防治方法：及时清除树上和地面的病果，集中深埋或烧毁。落花后及时喷布抑霉唑硫酸盐 4000 倍液或唑醚·代森联 3500～4000 倍液，为提高防治效果，提倡药剂轮换或复配使用。

9. 炭疽病

该病在树体生长期可侵染樱桃芽、叶及果实，也可在收获后及运输过程中发病。果实上的病斑初为茶褐色凹陷状，以后病斑上形成带有黏性的橙黄色孢子堆。幼果发病少，以成熟前 7～10 日发病为多。

对叶的危害表现在开花前后在幼嫩叶上形成茶褐色的圆形病斑，病斑相互联合可引起叶片穿孔。6月以后叶片变硬，叶面上病斑粗糙，为黑褐色小形或大形及不规则形病斑。病变严重时，可引起大量落叶，并引起枯芽。病菌以菌丝体形式在枯死的病芽、枯枝、落叶痕及僵果等处越冬。第二年春季产生分生孢子，成为初侵染源，借风雨传播危害。发病潜育期在成熟果实上为2～4天，幼叶上为4天，老叶上则可长达3～4周。因该病靠雨水传染，所以，在降雨多的年份发病相应较重。

大樱桃炭疽病的防治方法有：清除越冬菌源，即彻底清除树上的病枝、僵果。谢花后半个月，病菌开始侵染时，喷布第一次药剂，可选用炭疽无踪1500倍液或喷克800倍液交替使用。

10. 樱桃褐腐病

樱桃褐腐病又称灰星病，是引起樱桃果实腐烂的主要病害，主要危害花和果实。花的腐烂要到落花时才能发现。花器变成褐色、干枯，并形成灰褐色粉状分生孢子块。果实发病时，幼果与成熟果症状不同。幼果发病时，在落花10天后，果面发生黑褐色斑点，后扩大为茶褐色病斑，不软腐；成熟果实发病时，果面初现褐色小斑点，后迅速蔓延发展，引起整个果面软腐，病果成为僵果悬挂于树上。特别是成熟期，遇连雨天或大雾天，易引起果实病害流行。密植园及修剪不当、透光条件差时，发病多。

防治方法：及时收集病叶和病果，集中烧毁或深埋，以减少菌源。合理密植及修剪，改善通风透光条件，避免湿气滞留。开花前或落果后喷苯醚甲环唑1000倍液或凯歌4000倍液，为防止病菌产生抗药性、提高防治效果，提倡药剂轮换或复配使用。

11. 病毒病（彩图7-8、彩图7-9）

随着大樱桃栽培的发展，病毒病已成为影响其产量和品质的重要病害之一。樱桃病毒在树体上普遍存在，可通过昆虫、嫁接、花粉等传播，多具有潜伏期，当肥水不足和树势衰弱时容易表现症状。病毒病一般造成果园减产 20%～30%，严重时可导致整个果园毁灭。

目前，尚无很有效的病毒防治药剂，对于樱桃病毒病的防治主要措施如下：采用无病毒苗木建园，加强苗木繁育过程中接穗的检测、检验工作，防止培育带毒苗木；加强栽培管理，培育壮树，抑制发病；及时防治虫害，防止传播病毒；发病后喷洒抗病毒制剂，减轻发病程度。主要病毒种类如下。

（1）李属坏死环斑病毒（PNRSV）

① 危害症状　病株常在早春表现明显症状，叶片上出现淡绿色或浅黄色的环斑或条斑，环内有褐色坏死斑点，后期脱落，形成穿孔。病毒混合侵染时结果树上叶片会出现耳突。花梗很短，花朵紧贴在果枝上。新梢枯死严重，叶片上出现坏死斑点，脱落后穿孔，全叶呈碎状。后期为慢性症状，叶片变绿，仅在叶背形成大量深绿色的舟形耳突，然后树势缓慢衰落，直至整株死亡。

② 防治方法　栽植无病毒苗木；移除带毒病树，初果期樱桃树必须在开花前移除典型症状的植株、剪除带毒花枝等。

（2）李属矮化病毒（PDV）

① 危害症状　叶片褪绿、坏死、扭曲、矮缩和流胶，常与其他病毒混合侵染，在较低温度条件下该病症状更为明显。春季叶片出现黄绿色环斑或带纹；病叶产生亮黄色透明组织和黄色环纹斑，有些品种幼树叶片的背面，沿主脉和侧脉产生鸡冠状肉质耳突，叶片常扭曲。该病毒与樱桃卷叶病毒混合侵染时危害性更大。带该病毒的樱桃树枝条和芽发育少，耐寒性和抗旱性明显下降。

② 防治方法　使用无病毒繁殖材料是最基本的防治方法。1～5年生幼龄果树园，要彻底移除病树；10 年生以上的成龄果树园，移除病树无效。

（3）樱桃卷叶病毒（CLRV）

① 危害症状　展叶和开花延迟，且数量减少。花梗短，其长度

仅为健康花梗的一半。叶片边缘向上卷缩，病枝摇动易折断。若该病毒与李属矮化病毒复合侵染，则果扁、绿色增生等症状加重。易感病品种树皮开裂且流胶，病枝枯死。

②防治方法　栽植脱毒苗木。萌芽前，在树干上涂抹1圈环氧树脂，以阻断蚂蚁向树上运送蚜虫的通道，可在一定程度上避免樱桃卷叶病。

（4）樱桃小果病毒（LCHV）

①危害症状　果实变小，成熟延迟，风味较淡，叶片变红。

②防治方法　清除毒源；防治叶跳蝉和苹果粉蚧等传毒媒介，可在樱桃树冬季休眠期喷布1次油乳剂，对苹果粉蚧的杀虫率可达70%～80%；栽植无病毒樱桃苗；选育抗性品种。

四、主要虫害及防治

危害大樱桃的主要害虫及防治方法如下。

1. 二斑叶螨

（1）为害症状　以成螨、若螨、幼螨刺吸芽、叶、果的汁液，叶受害初呈现许多失绿小斑点，渐扩大连片，严重时全叶苍白、枯焦、早落，常造成当年第二次发芽开花，削弱树势，影响花芽形成导致翌年产量下降（彩图7-10）。

（2）发生规律　二斑叶螨在北方果产区一年发生12～15代，以雌成螨在土缝、枯枝落叶上或一些宿根性杂草的根际以及树皮缝处吐丝结网潜伏越冬。2月份日平均气温在5～6℃时，越冬雌成螨即可活动；3月份日平均气温达6～7℃时雌成螨开始产卵，卵期10天。自成虫开始产卵至第一代幼虫孵化盛期需20～30天，以后世代重叠。随气温升高，繁殖加快，在23℃时，完成1代需13天；26℃时需8～9天；30℃以上，6～7天即可完成1代。越冬雌螨出蛰后多集中在早春寄主（主要是宿根性杂草）上为害繁殖，待大樱桃发芽后即转移为害。6 月中旬至 7 月中旬为猖獗为害期。进入雨季后虫口密度迅速下降，为害基本结束，若后期干旱，可再度猖獗为害。至 9 月气温下降时陆续向杂草上转移，10 月陆续越冬。既可两性繁殖，亦可孤雌生殖，但没有受精的卵孵化出的均为雄性。每头雌螨可产卵 50 ～ 110 粒。二斑叶螨喜欢群集叶背主脉附近并吐丝结网，于网下为害，大发生时或食料不足时常千余头群集叶端成一团。有吐丝下垂借风力传播的习性，高温干燥的天气利于发生。

（3）防治方法

① 栽培防治　春季及时剪除萌蘖，全年彻底铲除杂草，特别是阔叶杂草，尽可能避免行间种植农作物，尤其是豆科植物。及时剪除树冠内膛徒长枝，减少害螨早期滋生场所，以压低螨虫基数，防止其上树危害。

② 化学防治　在开花前和落花后，一代若螨发生盛期，喷布 20% 的三唑锡悬浮剂 1500 倍液两次或螨清 6000 倍液两次，在保证喷药质量的前提下，既可控制二斑叶螨全年危害，还能兼治其他害螨。如果前期防治不利，6 月中旬又达到防治指标（螨叶率达到 30% 以上，平均每叶活动螨 1 ～ 2 头），可再喷 1 次 1.8% 阿维菌素 3000 倍液 +25% 三唑锡可湿性粉剂 1500 倍液。

对二斑叶螨的防治，一要强调全方位喷药，树上树下一起防治；二要强调选好药剂，目前首选药剂为三唑锡，害螨不易产生抗药性，药效期长达 45 ～ 60 天，在暴发期可配合阿维菌素使用。

2. 樱桃红蜘蛛

（1）为害症状　与二斑叶螨为害症状相似。

（2）发生规律　在我国北方年发生 5 ～ 13 代，以受精雌螨在树体缝隙内及干基附近土壤缝隙内群集越冬。翌春日平均气温达 9 ～ 10℃，花芽开绽之际出蛰上芽危害，樱桃红蜘蛛出蛰比较集中，约 80% 的个体集中在 10 ～ 20 天内出蛰。初花至盛花期为产卵盛期，卵期 7 天左右，越冬雌螨产卵后陆续死亡。第一代幼螨和若螨发生比较整齐，为期约15天。6月中旬以后，随着气温的升高，螨发育加快，夏季产卵期平均4～6天，幼螨及若螨期5～7天。第二代卵孵化盛期约在落花后1个月。此时各虫态同时出现，世代重叠。7～8月份，螨量达最高峰，为害也最为严重，往往使叶片焦枯，甚至提早落叶。樱桃红蜘蛛个体发育需经过卵、幼螨、若螨、后期螨和成螨五个阶段，共蜕皮3次，每次完成蜕皮前需静伏1～2天，在静伏期间不食不动。

（3）防治方法　参照二斑叶螨防治方法。

3. 大青叶蝉

别名：青叶蝉、大绿浮尘子。

（1）为害症状　成虫、若虫刺吸枝、叶汁液，在北方产越冬卵于果枝皮下，刺破表皮，常引起冬春抽条。

（2）形态特征　成虫体长7～10毫米，雄虫较雌虫略小，青绿色；头橙黄色，左右各具1个小黑斑，单眼2个，红色；前翅革质，绿色，微带青蓝，端部色淡近半透明；腹部两侧和腹面为橙黄色，足黄白至橙黄色，跗节3节。卵呈长卵圆形，微弯曲，一端较尖，长约1.6毫米，乳白至黄白色。若虫与成虫相似，但无翅，身体上色彩较少。

（3）发生规律　大青叶蝉每年发生3代，以卵在树干或枝条表皮下越冬。次年4月卵孵化，若虫到附近蔬菜杂草上为害，5～6月第一代成虫出现，7～8月第二代成虫出现。在此期间，多为害一年生农作物。9～10月间出现第三代成虫，为害秋菜，10月中旬成虫转移到果树上产卵，10月下旬为产卵盛期。

大青叶蝉产卵前，先用产卵器割开寄主的表皮，然后在伤口内产一排卵，产卵密度很大，每头雌虫可产30～70粒卵。次年春卵孵化若虫出来后，使被害枝条遍体鳞伤，再受到春季寒冷干燥、大风气候影响，易导致树势衰弱、枝条干枯。大青叶蝉喜栖息于潮湿避风处，有较强的趋光性，常群集在嫩绿的寄主上取食，受惊后即四处逃逸。若虫共 5 龄，为期一个月左右。夏、秋季卵期仅 9 ～ 15 天。

（4）防治方法

① 清除果园周边杂草，减少其滋生场所。

② 果园行间不要间作十字花科作物（如白菜、萝卜等）。

③ 在成虫越冬产卵前进行树干涂白。

④ 药剂防治：大青叶蝉越冬产卵时对温度要求十分严格，不降霜绝不产卵，霜后立即产卵。另外，降霜前几天，气温低，大青叶蝉已无飞行能力。因此，降霜前两天或当日立即喷药可杀死园内的大青叶蝉。常用药剂有 20% 杀灭菊酯 3000 倍液或 10% 氯氰菊酯 2000 倍液。

4. 桑白蚧（彩图 7-11）

桑白蚧又名桑盾蚧、桑介壳虫。

（1）为害症状　雌成虫、若虫刺吸枝干、叶、果实的汁液，造成树势衰弱，降低果实产量和品质。

（2）形态特征　雌介壳灰白至灰褐色，近圆形，直径约 2 毫米，有螺旋形纹，壳点黄褐色，偏生一方，雌成虫体长 0.9 ～ 1.2 毫米，淡黄至橙黄色。雄成虫体略短，橙黄至橘红色，触角呈念珠状有毛，前翅卵形、灰白色、被细毛，后翅化为平衡棒，口器退化，介壳为白色、背面有 3 条纵脊，壳点橙黄色位于介壳前端。卵为椭圆形，长约 0.3 毫米，初生时为粉红色，后变黄褐色，孵化前为橘红色。若虫初孵化时呈黄褐色，扁椭圆形，长约 0.3 毫米，两眼间具 2 个腺孔，分泌绵毛状蜡丝覆盖身体，2 龄时眼、触角、足及尾毛均退化。蛹呈橙黄色，长椭圆形，仅雄虫有蛹。

（3）发生规律　北方年发生 2 代，以 2 代受精雌虫于枝条上越冬，寄主萌动时开始吸食，虫体迅速膨大。4 月下旬至 5 月上、中旬产卵于介壳下，卵期 9 ～ 15 天；5 月间孵化，初孵化若虫多分散到 2 ～ 5

年生枝上固着取食，以分杈处和阴面较多；6～7月开始分泌绵毛状蜡丝，形成介壳。第一代若虫期40～50天，6月下旬开始羽化，7月上、中旬为盛期。卵期10天左右。第二代若虫8月上旬为盛发期，若虫期30～40天，9月间羽化交配后雄虫死亡，雌成虫为害至9月下旬开始越冬。

（4）防治方法

① 休眠期用硬毛刷刷掉枝干上越冬雌成虫。

② 发芽前喷布1000～1200倍速蚧克（生长期禁用）。

③ 5月中旬至6月上旬，当介壳下卵粒变成粉红色时，之后7～10天若虫便孵化出壳，初孵若虫尚未分泌蜡粉，抗药能力差，是防治的最佳时期。使用药剂：亩旺特4000倍液或20%杀灭菊酯乳油3000倍液喷雾。若桑白蚧发生严重，在8月上、中旬再喷1次亩旺特4000倍液。

5. 椿象

（1）为害症状 成虫、若虫均在叶背面刺吸叶片汁液为害，被害叶背有许多黑褐色斑点状的黏稠粪便，叶片正面先沿叶主脉变成褐色。

（2）形态特征 成虫体长3～3.5毫米，黑褐色。头、胸、背部隆起，前胸两侧和前翅为半透明，有网状纹。卵呈长椭圆形，一端稍弯曲。若虫初孵化及刚蜕皮时为白色，渐变为褐色，头、胸、腹两侧各生刺状突起。

（3）发生规律 一年发生4～5代，以成虫在翘皮、裂缝、土块、落叶、杂草下越冬，树干基部附近越冬虫量较大。翌年4月欧洲大樱桃落花期开始出蛰，并开始出现第一代卵。越冬代成虫多在树冠下部叶片为害，以后各代逐渐向树冠上部扩展。成虫在晴朗高温天气飞翔活动。雌成虫在叶背靠近主脉两侧的叶肉内产卵，常十几粒聚集在一起，产卵口外覆盖黑褐色分泌物。孵化出的若虫也喜聚集在一起为害。各代若虫盛期分别为5月下旬、7月中旬、8月上旬、9月上旬。

其中第一代若虫发生期比较集中，是药剂防治的关键时期，以后各代逐渐重叠，同一时期卵、若虫、成虫都有发生。一般前期发生较轻，8 月以后为害严重。9 月下旬成虫进入越冬期。

（4）主要天敌　草蛉、小花蝽等。

（5）防治方法　秋冬季节要彻底清除果园内的落叶、杂草，刮除主干上的老翘皮，进行烧毁，清除越冬虫源。

6. 樱桃果蝇

果蝇体形较小。雌性果蝇体长约 2.5 毫米，末端尖。雄性果蝇体形较雌果蝇小，有深色的后肢。

（1）为害症状　樱桃果蝇主要为害樱桃果实，成虫将卵产在樱桃果皮下，卵孵化后，幼虫先在果实表层为害，然后向果心蛀食，随着幼虫的蛀食为害，果肉逐渐软化、变褐、腐烂（彩图 7-12）。一般幼虫在果实内 5～6 天发育成老熟幼虫，然后咬破果皮脱果，脱果孔 1 毫米大小。一粒果实上往往有多头果蝇危害，幼虫脱果后果皮上留有多个虫眼。

（2）发生规律　樱桃果蝇在大连地区一年发生 10～11 代，全年活动时间长达 8 个多月。以蛹在果园地表下 1～3 厘米处、烂果或果核上、人类的居室内过冬。

每年当气温达到 15℃左右、地温达 5℃左右时，成虫开始活动，清晨和傍晚比较活动频繁。当气温稳定在 20℃左右、地温 15℃左右时，成虫数量增大。

果蝇繁殖非常快，在 25℃条件下，10 天左右就繁殖一代。一只雌性果蝇一次可产卵 400 粒。卵 0.5 毫米大小，有绒毛和一层卵黄膜包被。卵发育速度受环境温度影响，在 25℃环境下，22 小时后幼虫就会破壳而出，并且立刻觅食。幼虫 24 小时后就会第一次蜕皮，且不断生长，以达到第 2 龄幼虫体发育期。经过 3 个幼虫发育阶段，变成老熟幼虫后脱果落地，第 4 天变为蛹，在 25℃下经过 1 天就发育为成虫，继续产卵发生下一代。有世代重叠现象。一般年份，在5月上旬羽化，6月下旬开始为害，随着温度的逐渐升高和果实成熟度的增加，为害加重。平地果园受害严重，集中连片果园较分散果园受害严重。随着樱桃果实采摘结束和樱桃果味消失，果蝇成虫向其他树种的成熟果实转移，樱桃果园果蝇数量逐渐减少，到9月中旬樱桃园无果蝇成虫活动。

（3）防治方法

① 新建园在品种布局上要早、中、晚熟搭配，橙色、红色、黄色品种搭配，适当提高早熟品种比例。

② 对中、晚熟品种适当提前采收，减轻蛀果率。

③ 加强果园管理，通过及时中耕松土、平衡施肥、适时灌水、科学修剪等措施，改善树体营养和通风透光条件，促进果实健壮生长，切实增强其抗虫能力。

④ 彻底清园，压低虫口基数，减少发生量。一是樱桃果实膨大着色期，及时清除果园内外的杂草和垃圾。二是果实成熟时及时采收，尽快清出裂果、病虫果及残次果，清除果园中的落果、烂果，集中深埋处理。三是秋末冬初，冬剪后应及时清除果园内落叶、果枝，结合施基肥集中深埋或者烧毁。

⑤ 根据果蝇成虫多在草丛、靠近地面、弱光处和树上背光处活动的习性，提倡樱桃园以清耕为主。针对果蝇在土壤表层和烂果上越冬的习性，入冬前应进行全面深耕，清理果园烂果，恶化果蝇越冬场所，减小其越冬基数。

⑥ 针对果蝇的趋化性，利用糖醋液诱杀成虫。将糖、醋、橙汁、水按1.5∶1∶1∶10的比例配制成糖醋液，放入口径约20厘米、深约8厘米的塑料盆中，每盆约500毫升，于5月上、中旬悬挂于果园树冠下部阴凉处，高度不超过1米，每亩悬挂8～10盆。定期清除盆内成虫，每周更换1次糖醋液，虫量大或雨水多时应补充糖醋液。每500毫升糖醋液中再加入豆腐乳5克或来蝇灵，可提高诱杀成

虫效果。

⑦ 使用性诱剂或悬挂粘虫板。每亩果园挂 15 ～ 20 个性诱剂碗，可有效杀死果蝇雄虫，干扰雌雄交配，减小虫口基数。

⑧ 一般在 5 月下旬左右，在果园地面全面喷洒 40% 毒死蜱乳油 400 倍液，杀灭出土成虫。

⑨ 在樱桃果实成熟前 15 天左右，树上喷洒植物性杀虫剂清源保水剂 1000 倍液或灭蝇胺 1000 倍液，重点喷施树冠内膛，每隔 7 天喷 1 次，连喷二三次即可，也可喷 2% 阿维菌素 4000 倍液，间隔 14 天再喷 1 次。

⑩ 树上防治的同时，在果园地埂杂草上喷洒 40% 毒死蜱乳油 1500 倍液，或 4.5% 高氯乳油 1500 倍液，或 2% 阿维菌素 4000 倍液，隔 7 ～ 10 天再喷 1 次上述农药。每次喷药如果再加入 3% 的糖醋液，效果会更好。

7. 刺蛾

俗称洋辣子，有黄刺蛾、绿刺蛾等，这里主要以黄刺蛾为例。

（1）为害症状　以幼虫伏在叶背面啃食叶肉，使叶片残缺不全，严重时，只剩中间叶脉（彩图 7-13）。幼虫体上的刺毛丛含有毒腺，与人体皮肤接触后，备感痒疼而红肿。

（2）形态特征　成虫体长 13 ～ 16 毫米，翅展 30 ～ 34 毫米，头、胸部为黄色，腹部为黄褐色。前翅内半部黄色，外半部褐色，从翅顶角向后缘伸出 2 条暗褐色斜细线纹，在黄色部分有 2 个深褐色斑点。后翅呈淡褐色，翅面鳞毛较厚而密。卵为椭圆形，扁平，长径约 1 毫米，黄绿色，半透明，在叶背面几十粒聚集成薄的卵块。老熟幼虫体长 25 毫米左右，头小，淡褐色，隐于前胸下，体形较肥大呈长方形，黄绿色，背面有 1 条较大的紫褐色斑纹。虫体两端宽，中间细，极似"哑铃形"。从第 2 胸节开始，各体节有 4 个枝刺，胸部有 6 个、尾部有 2 个较大的枝刺。腹足退化。蛹长约 12 毫米，椭圆形，黄褐色。茧呈卵圆形，极似雀蛋，质地坚硬，表面光滑，灰白色，有几条褐色、长短不一的纵斑纹。

（3）发生规律　每年发生一代，以老熟幼虫在茧内越冬。越冬幼虫在5月下旬至6月上旬于茧内化蛹，6月中旬陆续羽化成虫。成虫昼伏夜出，有较强的趋光性。6月中、下旬产卵，卵多产于叶背，卵期7～10天。幼虫于7月中旬至8月下旬取食为害。幼龄幼虫群集于叶背啃食，长大后逐渐分散。待老熟时在小枝条或枝干的粗皮部结茧越冬。

（4）防治方法

① 结合冬季修剪将越冬茧剪掉烧毁。

② 利用成虫的趋光性，用黑光灯诱杀成虫。利用幼龄幼虫群集为害的习性，在7月上、中旬及时检查发现幼虫，立即捕杀。

③ 在成虫产卵盛期，可采用赤眼蜂寄生卵粒，每亩放蜂20万头，每隔5天放1次，3次放完，卵粒寄生率可达90%以上。

④ 药剂防治，幼虫发生期可喷施25%灭幼脲1500～2000倍液或2.5%敌杀死2000倍液。

8. 金龟子

危害大樱桃的金龟子主要有苹毛金龟子、东方金龟子、铜绿金龟子。

（1）为害症状　苹毛金龟子与东方金龟子主要以成虫在花期啃食大樱桃树的嫩枝、芽、幼叶、花蕾和花。苹毛金龟子幼虫取食树体的幼根。成虫为害期约1周，花蕾至盛花期受害最重。严重时，影响树体正常生长和开花结果。铜绿金龟子在7～8月份为害叶片。

（2）形态特征　东方金龟子成虫体长8～10毫米，椭圆形，褐色或棕色至黑褐色，密被灰黑色绒毛，呈天鹅绒状。幼虫体长30～33毫米，头黄褐色，体乳白色。

苹毛金龟子成虫体长8.9～12.5毫米，头、胸部呈古铜色，有光泽，鞘翅呈茶褐色，具淡绿色光泽，从鞘翅上可透视出后翅折叠成

"V"字形纹，腹部两侧有明显的黄色绒毛。幼虫体长约15毫米，头黄褐色，体乳白色。

铜绿金龟子成虫体长10～15毫米，鞘翅发铜绿色光泽。

（3）发生规律　苹毛金龟子与东方金龟子每年发生1代，以成虫在土中越冬。翌年春3月下旬至4月中旬成虫出土，出土时间与杨、柳发芽期吻合，先为害杨、柳的嫩芽，再为害果树的花蕾、花、幼芽、幼叶，气温低时白天为害，气温高时傍晚和夜间为害，白天躲藏于土壤、石块下。成虫具有假死性。谢花后停止活动。在黄土高原地区和其他沙滩地发生严重。4月中、下旬开始产卵；幼虫发生期为5月底至6月初；7月底开始化蛹；9月中旬开始羽化，羽化后的成虫不出土，在土中越冬。铜绿金龟子在7～8月份成虫出土为害叶片，每天以早上6时～9时和傍晚为害最重。夜晚躲藏在树冠下的土内。以幼虫在树冠下土内越冬，并为害根系（彩图7-14）。

（4）防治方法

① 利用成虫的假死性，早、晚在树下铺塑料膜后震落成虫捕杀。刚定植的幼树，于虫害发生期用纱网套袋效果最好。

② 利用频振式杀虫灯诱杀成虫，也可于傍晚7时～9时在果园周边点火诱杀。

③ 成虫出土期用50%辛硫磷乳油400倍液封闭地面。

④ 在成虫大量发生期，用25%灭幼脲1500～2000倍液或20%杀灭菊酯3000倍液喷布。

⑤ 采果后，用48%的毒死蜱50～100倍液灌根。

9. 卷叶蛾

为害大樱桃的卷叶蛾类害虫主要有白卷叶蛾、顶芽卷蛾等。

（1）为害症状

① 白卷叶蛾　幼虫取食大樱桃的芽、花蕾或叶，常把其中1片叶的叶柄咬断，致卷叶团中有一片枯叶，是区别于其他种的重要特征，

此外亦可缠缀花蕾为害，越冬代幼虫蛀入顶芽或花芽内为害越冬。

② 顶芽卷蛾　幼虫为害新梢顶端，将叶卷为一团，食害新芽、嫩叶，生长点被食，顶梢歪至一边。

（2）形态特征

① 白卷叶蛾　成虫体长7毫米，翅展15毫米，头、胸部呈暗褐色，腹部呈淡褐色。前翅长而宽，呈长方形，中部为白色。后翅呈浅褐色至灰褐色。幼虫体长10～12毫米，体形较粗，头、前胸盾、胸足及臀板均为褐色至黑褐色，躯体为红褐色。

② 顶芽卷蛾　成虫体长6～8毫米，翅展12～15毫米，淡灰褐色。前翅呈长方形，翅面有灰褐色波状横纹，后翅呈淡灰褐色。幼虫体长8～10毫米，体粗短，呈乳白或黄白色，头、前胸盾、臀板均呈黑褐色，越冬幼虫体呈淡黄色。

（3）发生规律

① 白卷叶蛾大多1年发生1代，春天果树萌芽时幼虫出蛰为害嫩芽、花蕾，并吐丝缠缀芽鳞碎屑，稍大便于枝梢顶部吐丝缠缀数片嫩叶于内为害。6月老熟幼虫在卷叶团内结茧化蛹；6月中旬至7月中旬成虫羽化产卵；7月中、下旬为孵化盛期，幼虫先在叶背沿主脉取食叶肉，吐丝缀连叶背绒毛、碎屑、虫粪等做巢，待在其中为害；8月上旬转蛀芽内为害，多在顶芽及花芽内；8月中旬即于被害芽内开始越冬。

② 顶芽卷蛾1年发生2代，均以2～3龄幼虫于被害梢卷叶团内结茧越冬，1个卷叶团内多为1头幼虫，亦有2～3头者。寄主萌芽时越冬幼虫开始出蛰，转移到邻近的芽为害嫩叶，将数片叶卷在一起，并吐丝联结叶背绒毛做巢潜伏其中，取食时身体露出，经24～36天老熟于卷叶内结茧化蛹。一般是在5月中旬至6月下旬化蛹。成虫昼伏夜出，喜食糖蜜。卵散产于顶梢上部的嫩叶背面，尤其喜欢绒毛多者。卵期6～7天，初孵幼虫多在顶梢卷叶为害。10月中、下旬幼虫在顶梢卷叶内结茧越冬。

（4）防治方法

① 清除越冬虫源，结合冬剪剪除被害梢和叶团，集中烧毁。

② 在生长期摘除卷叶团，消灭其中的幼虫和蛹。

③ 生物防治：利用赤眼蜂寄生卷叶虫卵，在每代卵期释放赤眼蜂，做到蜂卵相遇，每代放两次，每次每亩放 6 ～ 8 个蜂卡。

④ 药剂防治：越冬代幼虫出蛰盛期，以及第 1 代卵孵化盛期，是药剂防治的关键时期。药剂可用 20% 速灭杀丁乳油 3000 倍液或 20% 甲氰菊酯乳油 2000 倍液。

10. 舟形毛虫

（1）为害症状　以幼龄幼虫群集叶面啃食叶肉，残留叶脉和下表皮，被害叶呈网状，幼虫稍大则将叶片啃食成缺刻，甚至全叶被食，仅留叶柄，常造成全树叶片被食光，不仅产量受损，而且易造成秋季开花，严重影响树势及下年产量。

（2）形态特征　雌成蛾体长 30 毫米左右，翅展约 50 毫米，雄蛾略小，全体黄白色，复眼黑色，触角褐色，前翅银白稍带黄色，近基部中央有一个椭圆形大斑，斑内有一棕褐色细线，将大斑一分为二。前翅近外缘有 6 个并列的椭圆形斑，各斑亦有一褐色细线，翅面有 4 条浅黄褐色的波状横纹，后翅淡黄色，近外缘有一条褐色斑带。卵球形，直径约 1 毫米，初产时呈淡绿色，近孵化时呈灰褐色，常几十粒整齐排列成块产于叶背。老熟幼虫体长 45 ～ 55 毫米，头黑色有光泽，虫体背面紫褐色，腹面紫红色，背线黑色，体侧有稍带黄色的纵线纹，各体节有黄白色长毛丛。幼龄幼虫紫红色，静止时头尾两端上举呈舟形，故名舟形毛虫。蛹长 23 毫米，暗红褐色，全体密布刻点，尾端有 4 或 6 个臀基刺。

（3）发生规律　每年发生 1 代，以蛹在寄主根部附近约 7 厘米深处土层内越冬，翌年 7 月上旬至 8 月中旬羽化出成虫，7 月中旬为羽化盛期。成虫昼伏夜出，具较强趋光性，交尾后 1 ～ 3 天产卵，卵多产在叶背面，每头雌蛾平均产卵 300 粒，最多者可达 600 粒以上，卵期 7 ～ 8 天。幼虫共 5 龄。3 龄以前的幼虫群集在叶背为害，早、晚及夜间取食，群集静止的幼虫沿叶缘整齐排列，且头尾上翘，遇震动或惊扰则成群吐丝下垂；3 龄以后渐散成小群取食，白天多停息在叶柄上，老熟幼虫受惊扰后不再吐丝下垂。幼虫在 4 龄前食量较少，5 龄剧增。9 月份幼虫老熟后陆续沿树干爬下树，入土化蛹越冬。

（4）防治方法

① 在幼虫为害初期，可利用幼虫的群栖习性捕杀幼虫。成虫发生期，利用成虫的趋光性，傍晚黑光灯诱杀或点火堆诱杀成虫。

② 若发生严重，可喷 2.5% 高效氯氰菊酯 1000 ～ 1500 倍液。

③ 大量产卵期，释放松毛虫赤眼蜂，卵寄生率可达 95% 以上，防治效果良好，每天每人可释放 5 ～ 6 公顷地，省工、省时。

11. 天幕毛虫

（1）为害症状　刚孵化的幼虫群集于一枝，吐丝结成网幕，食害嫩芽、叶片。随生长渐下移至粗枝上结网巢，白天群栖巢上，夜间出来取食叶片，5 龄后期分散为害，严重时全树叶片被吃光。

（2）形态特征　雌成虫体长 18 ～ 22 毫米，翅展 37 ～ 43 毫米，黄褐色，触角栉齿状，复眼黑色。前翅中部有一条赤褐色横带，其两侧有淡黄色细线。雄体略小，触角双栉齿状，前翅中部有两条深褐色横线，两翅间色稍深。卵呈圆筒形，灰白色，顶部中央凹陷并有一小圆点，200 ～ 300 粒环结于小枝上，呈顶针状。幼虫体长 50 ～ 55 毫米，头蓝色，有一对圆缺环。蛹呈椭圆形，长 17 ～ 20 毫米，蛹体有淡褐色短毛。茧为黄白色，表面附有灰黄粉。

（3）发生规律　1 年发生 1 代。以完成胚胎发育的幼虫在卵壳中越冬。翌年芽萌发时，幼虫从卵壳中钻出，先在卵环附近群集为害嫩叶、幼芽，后转到枝杈处吐丝结网成天幕，夜间出来取食；4 龄后分散到全树，暴食叶片。受惊有假死下坠习性。幼虫期 45 天左右，蛹期 10～15 天羽化，成虫于夜间活动，有趋光性，成虫产卵于小枝上，呈环状。当年胚胎发育成熟，在卵壳内越冬。

（4）防治方法

① 结合冬剪，剪除枝梢上越冬卵块。成虫产卵后在果园内放赤眼蜂、姬蜂等天敌。

② 幼虫发生前期人工捕捉。

③ 发生面积大时，可喷布 2.5% 高效氯氰菊酯 1000～1500 倍液。

12. 美国白蛾

（1）为害症状　又名秋幕毛虫，为世界性重要检疫害虫。食性极杂，可为害 300 多种植物。幼虫食叶和嫩枝。低龄幼虫啃食叶肉，仅留下表皮，呈白膜状，日久干枯；稍大即将叶啃食为缺刻状和孔洞，严重时食成光杆（彩图 7 15）。

（2）形态特征　成虫体长 9～12 毫米，翅展 23～34 毫米，白色，复眼黑褐色。雄蛾触角黑色，双栉齿状，前翅白色，散生许多淡褐色斑点。后翅通常为纯白色或近外缘处有小黑点。卵呈圆球形，直径 0.5 毫米，初浅黄绿色，后变灰绿或灰褐色，具光泽，卵面有凹陷刻纹。幼虫有"黑头型"和"红头型"两种，我国发生的为黑头型的。头、前胸盾、臀板均为黑色，有光泽，体长 28～35 毫米，体色多变化，多为黄绿至灰黑色，体侧线至背面有灰褐或黑褐色宽纵带，体侧及腹面灰黄色，背中线、气门上线、气门下线均为浅黄色。背部毛疣为橙黄色，毛疣上生有白色长毛丛，杂有黑毛，有些为棕褐色毛丛。蛹体长 8～15 毫米，暗红褐色，臀棘 8～17 根，刺末端呈喇叭口状，中间凹陷。茧呈椭圆形，黄褐或暗灰色，由稀疏的丝混杂幼虫体毛构成网状。

（3）发生规律　美国白蛾在辽宁一年发生 2 代，以茧蛹在树皮下、枯枝落叶丛中或各种缝隙中越冬。越冬代成虫于 5 月中旬至 6 月间出现，第一代幼虫于 5 月下旬至 7 月间发生，第一代成虫出现于 7 月下

旬至 8 月中旬；第二代幼虫发生于 8～10 月间。卵期第一代为 9～19
天，第二代为 6～11 天。幼虫期 30～58 天。第一代幼虫 6 月中旬
至 7 月下旬为害最烈，第二代幼虫 8 月中旬至 9 月下旬为害最盛。
9 月上旬开始化蛹越冬。成虫昼伏夜出，有趋光性，飞行能力不强。
卵多产于叶背面，数百粒成块，单层排列，上覆雌蛾尾毛。初孵幼
虫数小时后即吐丝结网，在网内群居取食叶片，随幼虫生长网幕不
断扩大。幼虫共 7 龄，5 龄以后分散为害。一只幼虫一生可食害叶
片 10～15 片，耐饥饿能力强，可停止取食 5～15 天仍存活。成虫
可借风力传播，幼虫、蛹等可借苗木、果品、林木及包装材料等远距
离传播。

（4）防治方法

① 在各代幼虫未扩散前，人工剪除虫网。

② 药剂防治：幼虫 3 龄前可用 2.5% 高效氯氰菊酯 1000～1500
倍液或 20% 甲氰菊酯乳油 2000～3000 倍喷雾。

13. 梨小食心虫

（1）为害症状　在大樱桃上主要以幼虫从新梢顶端 2～3 片嫩叶
的叶柄基部蛀入为害，并向下蛀食，新梢逐渐萎蔫，蛀孔外有虫粪排
出，且常流胶，随后新梢干枯下垂（彩图 7-16、彩图 7-17）。

（2）形态特征　成虫体长 4～6 毫米，全体灰褐色，无光泽。前
翅灰褐色杂有白色鳞片，翅中部稍隆起。卵椭圆形，长径约 0.5 毫米，
黄白色，半透明，有光泽。老熟幼虫体长 10～13 毫米，黄白色或粉
红色，头部黄褐色，前胸盾、臀板和胸足均为浅黄褐色，臀板上有深
褐色斑点。蛹长 6～7 毫米，纺锤形，黄褐色。茧呈扁平椭圆形，长
约 10 毫米，丝质，白色。

（3）发生规律　1 年发生 3～4 代，主要以老熟幼虫在树体的老
翘皮裂缝中结茧越冬，以主干及主干近地面的根颈部越冬幼虫较多。
越冬代幼虫化蛹期和羽化期均不整齐。越冬幼虫化蛹从 4 月直到 6 月

中旬，蛹期为半个月。羽化后第二天交尾，第三天产卵。5月上旬至6月中旬，成虫主要在树梢的叶背上产卵，卵期5～6天。幼虫为害期长，5～9月均可为害新梢，有转梢为害的习性。梨小食心虫世代重叠明显，最后一代幼虫老熟后转入老翘皮裂缝中结茧越冬。成虫白天多潜伏在枝叶及草丛间，傍晚开始活动。成虫对糖、醋和果汁有较强的趋性，并具趋光性。

（4）防治方法

① 早春发芽前刮除粗翘皮，集中烧毁；8月份在主干上绑草束，诱集越冬幼虫，于冬季取下烧毁。

② 在成虫发生期夜间用黑光灯诱杀，或在树冠内挂糖醋液盆诱杀。

③ 春、夏季及时剪除被蛀虫梢烧毁。在4～6月，每50～100平方米设一性诱剂诱捕器诱杀成虫。

④ 药剂防治：当卵叶率达到1%～2%时开始用药。药剂可用桃小灵2000倍液及其他菊酯类农药。

14. 红颈天牛

（1）为害症状　红颈天牛是为害大樱桃的常见害虫，以幼虫蛀食树干和大枝。前期在皮层下纵横串食，后蛀入木质部，深达树干中心，虫道呈不规则形，在蛀孔外堆积有木屑状虫粪（彩图7-18），易引起树体流胶，受害树树体衰弱，严重时可造成大枝甚至整株死亡。

（2）形态特征　成虫体长27～30毫米，前胸背板为橘红色，其他部位黑色，有光泽。卵乳白色，呈米粒状。幼虫初为乳白色，近老熟时略带黄色，裸蛹呈淡黄色。

（3）发生规律　2～3年完成一代，以幼虫在蛀孔道内越冬。老熟幼虫在蛀道内化蛹，6～7月羽化成虫，产卵于距地面30厘米左右的树干上或大枝的树皮裂缝里。初孵化的幼虫只在皮下蛀食为害，当年以小幼虫在韧皮部越冬，第二年开春后开始蛀入木质部，木屑状的红褐色粪便从蛀孔处排出，再经过一次越冬，老熟幼虫于第三年春后化蛹。

（4）防治方法

① 成虫发生前在枝干上涂抹白涂剂，用于防止成虫产卵。

② 在成虫发生期内，中午捕捉成虫。

③ 树干涂药。在樱桃采收后，用 45% 毒死蜱乳油 200 倍液涂干，杀灭浅层幼虫。

④ 用磷化铝或敌敌畏棉球堵塞有虫洞孔，外用黄泥封闭进行熏蒸，效果极佳。

15. 吉丁虫

（1）为害症状　以幼虫蛀食树干皮层，幼树受害部位树皮凹陷变黑，大树虫道外表皮不显症状，但由于树体输导组织被破坏，枝条枯死，树势衰弱，寿命缩短。

（2）形态特征　成虫体长 15 毫米，绿色，有金属光泽，体呈纺锤形略扁，前胸背板及鞘翅两侧缘有金红色纵纹。卵呈扁圆形，长约 2 毫米，宽 1.4 毫米，初为乳白色后变黄褐色。幼虫体长 30～36 毫米，扁平，淡黄白色。蛹长 15～20 毫米，呈纺锤形，略扁平，初为乳白色渐变黄，羽化前与成虫相似。

（3）发生规律　2 年完成 1 代，均以各龄幼虫于蛀道内越冬，发生期不整齐。寄主萌芽后开始为害，3 月下旬开始化蛹，蛹期约 30 天；成虫发生期为 5～8 月。成虫白天少动，高温时更活跃，受惊扰即飞行，早晚低温受惊扰假死落地；成虫寿命 30～50 天。羽化后十余天开始产卵，多散产于皮缝及伤口处。6 月上旬为孵化盛期，初孵幼虫先在绿色皮层蛀食，几天后被害部位周围颜色变深，逐渐深入至形成层，行螺旋形蛀食；8 月份以后到木质部，秋后于蛀道内越冬；老熟后蛀入木质部化蛹。

（4）防治方法

① 加强树体管理，增强树势，避免产生伤口和日灼，可减轻虫害发生。成虫羽化前及时清除死树枯枝，消灭其内虫源。成虫发生

期，清晨震落捕杀成虫，3～5天1次效果良好。

② 在成虫羽化盛期，往虫道中注射敌敌畏等有熏蒸作用的杀虫剂。

③ 为害处出现凹陷、变黑，用刀挖出幼虫或注射杀虫剂。

16. 大灰象甲

又叫大灰象鼻虫，为大樱桃苗木和新植幼树的重要害虫。

（1）形态特征 成虫体长约10毫米，灰黄至灰黑色，身体密被灰白色鳞毛。头管短粗，触角呈膝状。鞘翅上具有不规则的黑褐色短纵斑纹及10条纵沟，后翅退化。幼虫为乳白色，体短肥，无胸足，略向腹部弯曲，体表多皱纹。卵呈椭圆形，乳白至黄色，表面光滑有光泽，长1.5～2毫米。蛹为裸蛹，乳白色，后期黄褐色，长8～10毫米。

（2）发生规律及为害症状 大灰象甲每年发生1代，以成虫在土中越冬，大樱桃萌芽前成虫即出蛰，食性极杂，为害大多数果树苗木、林木和农作物幼苗。待大樱桃萌芽后即陆续转移为害大樱桃幼芽、幼叶。严重时一株新植树上竟有多达60头以上的成虫，将芽全部啃食光，造成死树。6月份，成虫大量产卵于叶尖，叶尖两边折起，包住卵块，少量产于土中。幼虫孵化后即钻入土中，取食植物细根和土中有机质，做土室化蛹，羽化的成虫当年不出土，次年出土为害。成虫具有假死性。

（3）防治方法 可在大樱桃发芽前，在树干或苗木整形带以下扎一伞形塑料膜裙，或将苗木整形带用地膜套套住，防止成虫上树啃食。成虫大量发生时，可利用其假死性震落捕杀。发芽前用50%辛硫磷等与玉米面拌成毒饵，或掺入部分青菜叶如菠菜，撒于树干周围，药杀出土成虫。

五、农药的合理使用与配制

（一）农药的合理使用

合理使用农药是病虫害防治的关键。有效、经济、安全是合理使

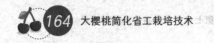

用农药的准则。

1. 注意药剂防治与其他防治措施的配合

在大樱桃病虫害防治中，决不能完全依赖药剂防治，药剂防治虽然快速、高效，但决不是唯一方法，更不是万能的，只有把它纳入病虫害综合防治的体系中，与其他防治措施密切配合，才能充分发挥药剂防治的作用，取得事半功倍的效果。

2. 轮换用药

一个地区，一个果园，切忌长时期施用单一的或作用、性能相似的农药，以避免病虫种群中抗性种群的形成。最好是选择作用机制不同的几个农药品种，轮换交替使用。如杀虫剂中的有机磷、菊酯、氨基甲酸酯、有机氮、生物制剂、矿物油、植物杀虫剂等几大类制剂，其作用机制各不相同。在杀菌剂中，内吸杀菌剂容易使病菌产生抗药性，如抗生素和苯并咪唑类，属特异性抑制剂。而非内吸性的硫黄制剂和铜制剂与代森类，皆属多位点抑制剂，两种类型轮换施用，是较好的组合。

3. 混合用药

在大樱桃园的生产管理中要使用多种杀菌剂、杀虫剂、生长调节剂、化肥等，为了提高药效、减少喷药次数，常将两种或几种药剂混合施用，同时可以避免或减缓病虫抗药性的产生和发展速度。如灭菌丹与多菌灵混用、代森铵与甲霜灵（瑞毒霉）混用、菊酯类与有机磷混用、矿物油与有机磷混用等，都是较好的混用方案和组合。

复配、混用制剂必须符合以下五点要求：第一，扩大防治对象，一药多用，减少施药次数；第二，具有增效作用；第三，延长新老农药品种的使用年限；第四，降低防治成本，减少防治费用；第五，有利于克服和延缓病虫抗药性的产生和降低农药毒性。

目前，在农药复、混配上，可采用杀菌剂与杀菌剂复、混配（如甲霜灵与代森锰锌复配成毒霉·锰锌，兼有内吸治疗和保护的效果，还有大生 M45 与多菌灵复配等），杀虫剂与杀虫剂复、混配，杀菌剂与杀虫剂复、混配等，而且有些杀菌剂对害虫体内的酶也有抑制作用，对杀虫剂起增效作用。

4. 对症下药，适期喷药

防止"有病乱投医"。一定要了解农药的防治对象，根据防治对象，选择最有效的药剂对症下药。弄清大樱桃各种病虫害的发生规律，根据药剂性能和病虫害发生、发展的规律及天气状况，确定适宜的用药时期和次数，在病虫最不耐药和最易防治的时期施药，才能达到最佳防治效果，又可避免和延缓病虫抗药性的产生。

5. 合理确定用药量和施药次数

在达到经济防治指标的情况下，要采用最低的浓度、最少的用量和最少的次数。尤其新农药，往往防效较佳，更不能采用高浓度或对其过分依赖，否则会使病虫很快产生强的抗药性。施用准确的有效剂量是延缓抗药性产生、提高防治效果、节约成本的一个有效途径。

6. 改进施药技术

药剂的施用水平直接影响防治效果。要改进喷雾技术，仔细、周到、高标准喷药，提高用药质量，尽可能地使药液接触到靶标对象。利用药剂涂干内吸防治蚜虫等刺吸式口器害虫及枝干性病害等方法，也是避免病虫抗药性产生和节约成本的一项重要措施。

（二）药害的发生与预防

在大樱桃病虫害防治过程中，药剂使用不当极易产生药害。

影响药害产生的因素如下。

（1）药剂种类不同，产生药害的情况也有所不同。一般，无机杀菌剂最易产生药害，有机合成的杀菌剂和抗生素不易产生药害，但有机磷对大樱桃极易产生药害，植物性杀菌剂不产生药害。同一类药剂中，药剂的水溶性强弱与药害产生密切相关，水溶性强的，发生药害的可能性大。药剂的悬浮性好坏与药害发生也有关系，悬浮性差的在水中易沉降，若搅拌不匀，喷布时易发生药害。

（2）不同品种、不同生长发育阶段产生药害的程度也不相同。凡是叶片气孔少、气孔开张小、叶片蜡质层厚、叶片茸毛多的不易产生药害。植株生长发育的幼苗期、花期、叶片展开初期抗药性均差，而生长季中后期老熟叶片抗药性强。休眠期抗药性最强。

（3）使用方法和环境条件也与药害发生有关。施用浓度过高、用药量过大、喷布不均、多种农药混用或连用等均易发生药害。高温条件下，药剂化学活性强，植物代谢旺盛，易发生药害，且高温、强光照、有风时，药液喷到植株表面后水分快速蒸发，药滴浓缩更易产生药害。湿度过高时，有利于药剂的溶解和渗透，易发生药害。因此，对一种不熟悉的药剂或几种药剂混合施用前，要先做小范围试验，以确定是否可用及施用的浓度。

另外，杀虫剂为有毒剂，对人、畜及其他有益动物也会有一定影响。过去施用的许多农药，有些化学稳定性极强，能长期存在于水中、土壤和生物体内，并能在生物体内积累和浓缩，因此，可产生积累中毒现象；有些药剂还能随食物链传播，造成处于食物链顶层的生物间接中毒；有些药剂属剧毒性，能对人、畜造成直接中毒。所以应严格遵守国家农药管理相关规定，规范用药，防止药害发生。

在自然条件下，害虫的天敌可以控制害虫，不致造成大的灾害。而如果使用了某种农药后，这种农药大量杀伤天敌，而对害虫杀伤力小时，会使这种害虫变得空前猖獗，这种化学防治和生物防治间的矛盾，在生产上比比皆是，许多过去不是防治对象的害虫逐渐变成主要防治对象，即是典型的例子。

总之，在应用化学药剂防治病虫害时，既要保证良好的防效，又要尽量避免或减轻药害和毒害的发生。

（三）抗药性的产生及避免

由于长期使用单一的农药在同一地区的同一果园内防治某种病虫，经过一定时间，药效明显下降，甚至无效，即病原物对该种药剂产生了抗药性。这是当今果园病虫采用化学防治带来的一个严重问题。在生产过程中，为了保持药剂的效力，一方面是增加药剂的施用量，另一方面是不断增加施药次数，这不仅使生产成本大幅度提高，而且加重了农药对环境的污染。

病虫产生抗药性的原因很多，主要原因有两方面。一是连续使用一种药剂，诱导病原物产生变异，出现了抗药的新类型；二是药剂杀灭了病原物中的敏感类型，保留了抗药类型，改变了病原生物的群落组成，药剂对病原物的自然突变起到了筛选作用。

病原物的抗药性还存在"交叉抗性"，即病原物对某种药剂有抗性后，对作用机制相同或其毒性基因结构相似的其他药剂也有抗性。施用无选择性广谱、内吸性的杀虫、杀螨、杀菌剂，是导致主要病虫产生抗药性的主要因素之一。几乎所有的病虫种类都能产生抗药性。病虫一旦产生抗药性以后，依赖化学农药进行防治的策略即宣告失败。

因此，在用药剂防治病虫时，必须贯彻"预防为主，综合防治"的方针，不能连续使用同种或同类药剂，提倡不同药剂的交替使用、混合使用，应用增效剂等，这是避免病虫产生抗药性的有效方法。

（四）常用农药的配制与使用

1. 石硫合剂

石硫合剂是一种兼有杀螨、杀虫、杀菌作用的强碱性无机农药，多作为铲除剂在大樱桃发芽前喷用。以前生产上多用 3 ～ 5 波美度的石硫合剂于发芽前喷施，对于病虫害发生较严重的樱桃园，建议早春用 10 波美度以上的石硫合剂喷施，时间上要早一些。最好应用自己熬制的原液。

（1）性状　石硫合剂是石灰硫黄合剂的简称，俗称硫黄水，是由生石灰、硫黄粉作原料加水熬制而成的枣红色透明液体（原液）。有臭鸡蛋味，呈强碱性，对皮肤和金属有腐蚀性。

（2）作用特点　石硫合剂是一种无机杀菌兼杀螨剂，其中有效成分为多硫化钙，有渗透和侵蚀病菌细胞壁和害虫体壁的能力。多硫化钙化学性质不稳定，易被空气中的氧气、二氧化碳分解。原液一经加水稀释便发生水解反应，生成很细的硫黄颗粒，使稀释液混浊。喷洒在树体表面，短时间内多硫化钙有直接杀菌和杀虫作用，很快与氧、二氧化碳及水作用，最后的分解产物——硫黄，仅有保护作用。

（3）熬制方法　常用的比例是生石灰1份、硫黄粉2份、水10份。先把优质生石灰放入铁锅中，用少量水使生石灰消解，待其充分消解成粉末后加足水量。生石灰遇水发生剧烈放热反应，在石灰放热升温时，再加热石灰乳，至近沸腾时，把事先调成糊状的硫黄浆沿锅边缘缓缓地倒入石灰乳中，边倒边搅拌，并记下水位线。在熬制过程中，不断用热水补足放热蒸发所散失的水分，用强火煮沸40～60分钟。待药液熬成枣红色、渣滓呈黄绿色时，停火即成。冷却，过滤除残渣，就得到枣红色的透明石硫合剂原液。在熬制过程中，如果由于火力过大，虽经搅拌，锅内仍翻出泡沫时，可加入少许食盐。

熬制方法和原料的优劣都会直接影响药液的质量。如果原料质优，熬煮的火候适宜，原液可达28波美度以上。因此，要求最好选用白色、块状、轻质的生石灰，硫黄以硫黄粉较好。

（4）稀释浓度的计算方法　石硫合剂的有效成分含量与相对密度（比重）有关，通常用波美比重计测得的度数来表示，度数越高，表示有效成分含量越高。因此，使用前必须用波美比重计测量原液的波美度数，然后根据原液浓度和所需要的药液浓度加水稀释，也可以用下列公式按重量倍数计算：

加水稀释倍数＝（原液波美浓度－需要的波美浓度）/需要的波美浓度

（5）注意事项

① 发芽前通常用 3 ～ 5 波美度液，生长期施用一般不能超过 0.5 波美度。

② 石硫合剂是强碱性药剂，不能与怕碱药剂混用，不能与波尔多液混用。在喷过石硫合剂后，需间隔 7 ～ 15 天才能喷布波尔多液，而喷过波尔多液后需间隔 15 ～ 20 天才能喷布石硫合剂，否则易产生药害。

③ 石硫合剂有腐蚀作用，使用时应避免接触皮肤。如果皮肤或衣服上沾上原液，要及时用水冲洗。喷药器具用后要马上用水冲净。

2. 波尔多液

（1）性状　波尔多液是由硫酸铜、生石灰和水配制而成的天蓝色胶状悬浮液。其中有效成分为碱式硫酸铜。药液呈碱性，比较稳定，黏着性好。但久置会沉淀，产生原定形结晶，性质发生改变，药效降低。因此，波尔多液要现用现配，不能储存。药液对金属有腐蚀作用。

（2）作用特点　波尔多液是保护性杀菌剂，对大多数真菌病害具有较强的防治作用。其杀菌机制是依靠水溶性铜凝固蛋白质，并和菌体内多种含—SH（巯基）的酶作用。将刚配好的波尔多液喷洒到树体或病原菌表面后，会形成一层很薄的药膜，此膜虽然不溶于水，但它在二氧化碳、氨、树体及病菌分泌物的作用下，会逐渐使可溶性铜离子增加而起杀菌作用，并可有效地阻止孢子发芽，防止病菌的侵染。

此外，波尔多液中的铜元素被树体吸收后，还可起到施微量元素的作用，促使叶片浓绿，生长健壮，提高其抗病力。

（3）配制　在原料配制的比例方面，一般樱桃使用的比例为石灰倍量式，水量的多少可以根据防治对象和季节来定，一般用量是硫酸铜、生石灰与水的比例为 1∶2∶（200 ～ 240）。

波尔多液质量的好坏和配制方法有密切关系。一般常用的配制方法有以下两种。

一是注入法。先将硫酸铜和生石灰按比例称好，分别盛在非金属容器中，然后用配药总水量的20%溶化生石灰，滤去残渣，即成浓石灰乳。再用余下的80%水制成稀硫酸铜溶液（先用少量热水将硫酸铜化开，然后加入剩余水），待上述两液温度相同时，再将稀硫酸铜溶液慢慢倒入浓石灰乳中，边倒边搅拌，即成天蓝色的波尔多液。用这种方法配成的药液质量好，颗粒较细而匀，胶体性能强，沉淀较慢，黏着力较强。

二是并入法。将硫酸铜和生石灰按比例称好，分别装入容器内，用总水量的一半来稀释硫酸铜（先用少量热水将硫酸铜化开），用另一半水溶化生石灰（滤去残渣），待上述两液温度相同时，将硫酸铜液和石灰乳同时慢慢倒入另一个容器中，边倒边搅拌，即成波尔多液。

波尔多液配制质量的好坏与原料优劣有直接关系。因此，在配制时，要注意选择优质硫酸铜，对生石灰的要求是选择烧透、质轻、色白的块状石灰，粉末状的消石灰不宜使用。

（4）防治对象及使用方法　用于防治樱桃叶片的各种病害。可在樱桃采收后与其他有机农药交替使用，每隔20天喷一次石灰倍量式波尔多液240倍液，保护树体和叶片。

（5）注意事项

① 预防药害。波尔多液是比较安全的农药，但施用不当时也会产生药害。波尔多液施用浓度过大或在温度过高时喷布，会使嫩叶发生药害。喷布波尔多液后如果遇到阴雨连绵的天气，或者在湿度过大及露水未干时喷药，均易引起药害，因此，要选择晴天露水干了之后喷药。喷药量过多或药液质量不符合要求时，均易发生药害，应加以避免。喷布波尔多液后间隔时间过短就喷布石硫合剂时，会产生硫化铜而发生药害。因此，喷过波尔多液后15～20天内不能喷石硫合剂和松蜡合剂。喷过矿物油乳剂后30天内不能喷布波尔多液，以免发生药害。

② 配制药液时禁止使用金属容器。

③ 用注入法配制时，只能将稀硫酸铜倒入浓石灰乳中，顺序不能颠倒，否则配制的药液沉淀快，且易发生药害。

④ 药液应随用随配，超过 24 小时易沉淀变质，不能再用。

⑤ 配好的药液不能稀释。

⑥ 喷布时要做到细致周到。喷后如遇大雨，天晴后应及时补喷。

⑦ 为提高药效，应在药液中加入展着剂，如 0.2% ～ 0.3% 的豆浆、中性洗衣粉等。

⑧ 波尔多液呈碱性，含有钙，不能与怕碱性农药以及石硫合剂、有机硫制剂、松蜡合剂、矿物油剂混用。

⑨ 波尔多液是一种杀菌范围广、药效时间长、经济适用的广谱保护性杀菌剂。但在樱桃树上应用的次数过多，会造成叶片脆、厚、易破损，还可能造成红蜘蛛泛滥。因此，在生产上要减少波尔多液的施用次数，每个生长季施用 3 次左右即可。

第八章

矮化密植省工高效栽培技术

近年来，大樱桃栽培模式由乔化稀植向乔化密植和矮化密植的方向转变，已成为大樱桃生产发展的重要趋势。

一、矮化密植栽培的优点

1. 早实、丰产

矮化密植大樱桃一般栽后2年即开花结果，第3年有较好的产量，第4～5年可达到丰产，亩产可达到900～1000千克。

2. 树体矮小，容易管理

矮化樱桃树体小，有利于机械化作业和提高工作效率。如在修剪和采收等环节可提高工效1～3倍，喷药费用只相当于乔化大冠树的3/5～2/3。

3. 成熟早，品质好

一般，小树冠光照好，果实色艳，含糖量高，果个均匀。果实商品率高，果肉韧，也耐储运。

4. 栽培周期短，品种更新快

一般，矮化密植树体栽培周期短，约15年，而乔化稀植可达20～25年，然而盛果期占整个树体寿命的比例是不同的，矮化树在70%以上，乔化树在50%左右。当前优良品种不断涌现，为满足市场需要和增加收入，需及时更新品种，或因周期性冻害和严重的病害需补植建园时，采用矮化密植栽培，能提早结果或迅速恢复产量，更新老果园。

5. 节省用地，经济效益高

矮化密植栽培（简称矮密栽培）实行精细管理，虽然单株产量不很高，但由于栽植密度大，可发挥群体增产效应。矮密栽培果园树体 4 年生时果园覆盖率可达 70% 左右，而乔化稀植栽培果园树体 8 年生时果园覆盖率刚达 60%，相比之下，矮密栽培更能有效、经济地利用土地。其次，矮密栽培樱桃园 4 ～ 5 年生树体即可达到丰产，亩产樱桃 900 ～ 1000 千克，产值 2 万～ 2.5 万元。而乔化稀植园则 5 ～ 6 年生树体刚开花结果，8 ～ 10 年生才进入盛果期，平均亩产为 750 ～ 900 千克，产值 1.8 万～ 2 万元。矮密栽培经济效益更高。

二、矮化密植的途径

1. 选用矮化砧木

矮化砧木不仅能抑制树体生长，还能促进早实、早丰，提高品质，而且矮化效果的持效期长。

目前，大樱桃矮化砧木主要采用以下系列，矮化效果较好。

（1）草原樱桃 近年从欧洲引进的优良品种，极矮化，适作高密栽培。

（2）吉塞拉 5 吉塞拉 5 被称为欧洲最丰产的大樱桃矮化砧木，表现耐涝、流胶轻，根系发达，较耐根癌病，嫁接成活率高，有明显"小脚"现象，矮化效果显著，6 年生树冠为乔化砧木的 30% ～ 60%，以后为 30% 左右，适宜 2 米 ×4 米株行距。

（3）吉塞拉 6 为半矮化砧木，抗涝、抗病性强，较耐根癌病，适于黏壤和各类土壤，矮化效果达 70% ～ 80%，是我国应用最广泛的大樱桃砧木。

（4）ZY-1　是从意大利引进的大樱桃半矮化砧木，抗旱、抗寒性强，没有小脚现象，亩栽量 66 ～ 84 株。

（5）IP-C 系　由罗马尼亚引进，一般栽后第 2 年即可成花，耐涝性强，可通过扦插、压条以及组织培养方法繁殖。

（6）西伯利亚樱桃　美国已从中选出 FR_1、FR_2、FR_4、FR_5、FR_6、FR_8 等 6 个品系，对大樱桃有显著的矮化作用。

2. 采用矮化品种

当前生产中大樱桃品种很多，但短枝型品种较少，在选择矮密栽培品种时应选择萌芽率高、成枝力差、结果早、树体紧凑、商品性状好的品种。同时，注重矮化短枝型品种的选育。目前，具有早果性、丰产性、矮化倾向、适于密植的品种有：萨米特、拉宾斯、先锋、黑珍珠、甘露、金顶红等。

3. 促花控冠措施

促花、促结果，"以果抑冠"是控冠的有效措施。

第一，培养小型树冠，如纺锤形（包括自由纺锤形、改良纺锤形）。

第二，短枝型修剪。采用人工短枝型化的修剪技术，包括春季延迟修剪，夏剪为主、冬剪为辅，拉枝开角，拿枝软化，多次摘心，扭梢等生长季修剪措施，培养形成短枝型结果枝和枝组。

4. 缩根栽培

将苗木栽植在缩根容器内，限制根系生长，达到控制树冠的效果。

5. 利用不良的环境

（1）山地栽培　由于土薄，光照强，紫外线破坏部分生长素、减弱顶端优势和细胞伸长，导致树体矮小，在大樱桃适应范围内，海拔越高，矮化的效果越明显。

（2）控制水分供应　控水也能使树体矮小。瘠薄沙土、山地等缺水环境或移栽断根的大樱桃，均能使树体矮化。

6. 应用植物生长调节剂

利用人工合成的植物生长调节剂，如 PBO，不但能够促进成花、结果，而且能够促生分枝、抑制生长、使树体矮化，效果明显。

大樱桃对生长调节剂敏感，要达到丰产、优质、壮树的效果，对生长调节剂的使用必须慎重。第一，选择适宜的生长调节剂品种。一些生长调节剂抑制持效期过长，对新梢生长抑制过重，不发新梢或即使萌发新梢，长度不够，叶片过少，光合作用不强，不仅影响当年果实大小和品质，也对下一年花芽形成产生不良影响。因此，必须选择适宜的生长调节剂品种。第二，选择适宜的使用时期。为了提高坐果率，可选择在萌芽期喷施；为了控制新梢的生长、促进花芽形成和分化，可在新梢旺盛生长期施用。第三，选择适宜的使用浓度和着药量。浓度过大或着药量过多，往往导致抑制过重，花量过多，坐果率反而下降，即使坐果不超载，也容易出现树势衰弱现象；反之，施用浓度低或着药量少，起不到控制营养生长的作用。第四，掌握正确的施用方法。大樱桃应用生长调节剂避免土施，土施容易出现抑制时间过长、抑制过重现象，导致树体营养生长不良，甚至发生衰弱死树，一般采用叶面喷施或涂抹的方法施药。第五，注意植物株间生长势差异，有选择性地施用。对于生长发育弱的植株禁用，重点对旺树、旺枝进行施药。

当前，生长实践中以选择 PBO 作为大樱桃生长调节剂为好。在大樱桃萌芽期，喷施 80～100 倍液，可抑制新梢生长，避免新梢生长与幼果争夺营养，显著提高坐果率，花序坐果率提高 60%，花朵坐果率增加 40% 左右。在果实采收后喷施 PBO 100～120 倍液，可抑制新梢生长，缩短节间，促进花芽形成与分化。也可在新梢旺长期，在旺树主干或旺枝基部涂抹 10 倍 PBO，控梢、促花效果都比较理想。

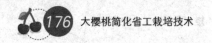

三、矮化密植大樱桃的生长发育

（一）生长特点

1. 根系

（1）矮砧密植树　幼树期间，根系的分布深度、广度和分根量多超过同龄的乔砧树，以后随着产量的增加，生长渐弱。

（2）乔砧密植树　乔砧根系一般生长强、分布广，但密植后，减弱了骨干根的生长强度，增加了分根，须根和总根量有所增多。随着株行距的缩小，根系交错现象愈加严重，树体长势和树冠大小均受到不同影响，说明根与地上部间有很大的相关性。

2. 地上部

（1）矮砧密植树　幼树生长较旺，与乔砧树的树体相差不大，但分生短枝较多，以后进入结果期，生长势明显减弱，树体比乔砧树小很多。

（2）乔砧密植树　一般乔砧密植树比乔砧稀植树生长弱，树体矮小，随着栽植密度的提高，树体也具有一定的矮化作用。

（二）结果特点

（1）矮砧密植树较乔砧树结果早　矮砧大樱桃树一般 2～3 年结果，5 年丰产。而乔砧大樱桃树 5～6 年开花结果，8～10 年才进入盛果期。矮砧树比乔砧树结果和丰产期均提早 4～5 年，提早受益。

（2）矮砧樱桃较乔砧樱桃连续丰产能力强　矮砧大樱桃进入结果期后，由于营养生长减弱，营养主要集中用于生殖生长，树势稳健，故连续结果、丰产能力强；而乔砧大樱桃由于生长势旺，营养多用于枝梢生长，花芽形成少、分化程度不够，坐果不稳，易出现大小年结果现象，连续结果能力不强。

（3）矮砧樱桃较乔砧樱桃果实大、均匀、品质好　由于矮砧樱桃树冠紧凑，通风透光好，新梢中庸偏弱，所以果个偏大且均匀，着色好，糖分高。而乔砧树高大，树冠易郁密，不同部位的果实差异较大。矮砧大樱桃较乔砧产一级果率高出 30% ～ 40%，售价高出 30% 左右。

（4）矮砧大樱桃较乔砧大樱桃果实成熟期集中　由于矮砧树光照条件好，果实集中成熟，可以一次性采收，省工、省时。而乔砧树，树体各部位光照差异大，开花时间不一致，导致成熟期不集中，采收需经 2 ～ 3 次进行，费工、费力、费时。

四、矮化密植栽培技术要点

（一）园地选择

1. 地势

平地、丘陵、滩地、山地均可建园，但以地势稍高、排水和排冷空气良好的缓坡地最为理想，以南坡、东坡和西坡较好，不但温度比北坡高 2.5℃ 左右，而且光照好（每天日照时间平均比北坡多 2 个小时以上），有利于矮化砧樱桃的发育（图 8-1）。山地建园要构筑梯田及采用其他水土保持设施和灌排系统，尽可能避免在低洼地建园，因北方地区洼地易发生晚霜危害和涝害。

2. 土壤

以沙壤和砾质壤土最好，这种土壤通透性好，利于根系生长。若土壤不良，应在栽植前进行土壤改良。

密植樱桃园要求较高的土

图 8-1　以吉塞拉 5 为砧木建园

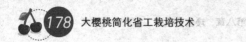

壤肥力，最好在建园前种植绿肥和栽植前施入大量有机肥，培肥地力。

3. 水分

密植园因单位面积上株数多，需水量大。而且随着栽植密度的增加，果园单位面积的蒸腾耗水量也增加，所以密植园要有良好的灌溉条件，生长季始终保持土壤含水量60%～80%，做到旱能浇、涝能排。

4. 养分

密植园单位面积株数多，树体早实、早丰，对营养物质需求量大。而且随着单位面积上的株数增加，吸收的营养物质也显著增多，所以密植园必须要有较好的施肥条件，保证充足的营养供给，满足树体生长、结果对营养的需求。

（二）移植大苗

圃地集中培育大苗的好处：一是可以集中管理，省工、省时、省力。二是增加了苗木整齐度，建园时可以提供整齐一致的大苗木，保证苗木质量。三是大苗移栽后树势缓和，结果早。四是可以培育无毒苗，能大幅度提高产量，增产幅度20%～30%。

1. 合理密度

密植栽培不是越密越好，尤其大樱桃是喜光性树种，要确定合理的栽植密度。影响栽植密度的因素多而复杂，必须综合考虑，如根据自然条件（土壤、肥力、雨量、地势、地形等）、砧木矮化性、品种生长势和栽培技术（栽植方式、整形修剪、土肥水管理）等确定栽植密度。

一般山地梯田建园，以2米×3米（111株/亩）为好，平地以（2～3）米×4米（55～83株/亩）为宜。

2. 栽植方式

栽植方式对产量、栽植密度、光照、机械化作业等均有较大影响，国内外一般认为矮密栽培的大樱桃以宽行密植为好。既能解决行间通风透光的问题，又便于机械作业。

关于宽行密植的栽植行向问题，一般认为南北行向比东西行向好。据研究，东西行向树体吸收的直射光要比南北行向少13%，然而漫射光的吸收则与行向无关，南北行向树体两侧受光均匀，中午强光入射角大，东西行向树冠北面自身遮阴比较严重。对于山地梯田的栽植行向，应以沿等高线和梯田走向栽植为好。

密植园的授粉树配置与稀植园稍有不同。树体密植可缩短昆虫飞行传粉的距离，但授粉昆虫多在行内活动，尤其是篱壁式整形后，蜜蜂多沿行内株间飞行，越行飞的概率较小，为此，授粉树应在行内分段配置，如有困难，至少在一个小区内多栽几个品种。若按行配置授粉树，宜4行主栽品种配置1行授粉树；如隔行配置授粉树，效果会更好些。

3. 矮密栽培的树形

矮化密植树宜采用矮小、扁形树冠，如纺锤形树冠，其最大特点是能适应机械化作业的要求，同时受光量大、果实着色好、可溶性固形物含量高、立体结果、易高产。

4. 密植栽培的修剪

（1）幼树期修剪　为了实现早产、早丰，以果压冠，尽可能轻剪、长放、多留枝、多留花芽，缓和树势，促进快长树、早成形、早丰产，并能节省劳力和提高工效。边整形边结果，整形结果两不误。

（2）生长季修剪　原则上以夏剪为主、冬剪为辅。通常用拉枝开角控制树势和枝势；采取多次摘心方法，控梢促花；疏除无效枝，解决通风透光问题；适时采用化学调控手段，促进中短枝和花芽形成，从而达到早实、丰产、优质的目的。

（3）控制负载量　由于矮密栽植树体进入结果期早，开花坐果多，应注意适当调节负载，控制花芽留量，在树势较弱的情况下，必须采用精细的修剪方法,及时更新结果枝组,开源节流,做到树老枝龄幼,利用新枝壮芽结果。

(4)注意的问题　要注意枝间(骨干枝、辅养枝和枝组)、株间(永久株和临时株)的合理分工,合理促控。只促不控,不能提早结果和限制树体的扩大;只控不促,树势变弱,不能持续丰产。总之,要使密植树达到壮而不旺,枝多不密,各部位平衡,花果适宜,丰产、稳产的状态。

在密植园樱桃生长过程中,由于株行间空间小、受光少,树体易向上生长,因此要特别注意控制树高和树冠上强下弱。

5. 土壤管理

矮化密植园单位面积株数多,要求较好的土壤条件。为此,必须有深厚的活土层,疏松透气,保水,保肥,含有较多的有机质(2%以上);有适宜而稳定的温度状况,以利于根系的生长发育;在建园前,必须做好深耕改土工作,最好一次性完成,施足基肥。

密植果园行间管理,多采用行间生草、种绿肥或覆盖、行内清耕等管理法。这种方法适用于宽行密植。采用生草制,行间生草,草长出后,收割 6 ~ 9 次,割下的草就地覆盖于地面,任其腐烂分解,随着草根的自疏,死根仍留在土中,从而逐年提高土壤中有机质的含量,并能改良土壤理化性状,具有一定的增产效果。或采取行间种绿肥、树盘内覆盖的方法,每年割绿肥 2 ~ 3 次,并把绿肥覆盖在树干周围 15 ~ 30 厘米以外的树盘内。采用这种方法,树盘内土壤水分消耗为清耕的 1/3。同时,覆盖能防止土温的剧烈变化,夏季土壤温度至少下降 9 ~ 18℃,冬季土温比清耕的高,且有利于积雪,使根系免受冻害。

此外,有机覆盖物的逐渐分解,又可不断增加土壤腐殖质含量,提高土壤肥力,并能防止水土流失,增加土壤透气性,从而为根系生长创造了良好的环境条件。

6. 施肥、灌水

（1）施肥量　密植樱桃园对肥水要求较高，施肥量应大些，但要遵循少量、多次的原则。

施肥量一般以面积计，主要根据土壤和叶分析来确定。大量元素氮、磷、钾的比例为 2：1：2，可因树体营养状况、土壤肥力、树龄、气候条件等而异。矮化密植樱桃园，秋施基肥量，每亩施 3000～5000 千克腐熟农家肥或 500 千克生物有机肥，同时施入全年复合肥的 2/3，剩余 1/3 在春季开花前 20～30 天施用。根外追肥，初花期喷施禾丰硼 1000～2000 倍液，提高坐果率，落花后 10 天左右喷施 0.3% 的尿素、果蔬钙肥 1000 倍液、磷钾动力 800～1000 倍液或 0.3% 的磷酸二氢钾，每隔 10 天一次，结合打药同时喷施，共 3 次，对增大果个、促进着色、提高品质、增加果实硬度和表面光泽度均有较好效果。

（2）施肥种类与方法　施肥要做到有机肥与无机肥相结合，大量元素与中、微量元素相结合，土壤施肥与根外追肥相结合，施肥与灌水相结合。

（3）施肥时期　基肥以早秋施为好，有利于根系愈合、生长及肥料的分解，促进花芽分化，提高花芽质量，增加营养储藏，为下年萌芽、开花、坐果提供营养保障；追肥则在开花前 20 天左右开始进行，注重根外追肥，前期以氮肥为主，中期以磷、钾肥配合为好，后期以氮、钾肥配合施用较好。

（4）灌水　密植园随着栽植密度加大，需水量也相应增大。密植园由于植物覆盖率高，而影响土壤水分蒸发，形成湿土层，而中、后期，根系下扎，叶片蒸腾作用增强，根系吸水力强，容易出现土壤上湿下干现象。在土壤含水量低于田间最大持水量的 60% 时，应灌水。在大樱桃生长前期，土壤含水量应保持在田间最大持水量的 70% 左右，有利于叶面积扩大和开花结果。在生长后期，土壤含水量不宜太大，保持田间最大持水量的 60% 即可，以利花芽分化和提高果实品质。

灌溉方法可采取沟灌、畦灌，最好是采取滴灌和喷灌方式进行。在雨水过多的季节，需及时排水，防止涝害。

（三）省工、省力、高产、高效栽培实例

大连盛泽佳态农业科技发展有限公司，2006 年从山东农科院引进吉塞拉 6 组培苗嫁接金顶红，经过 10 年的生产栽培，表现良好。具有以下特点。

1. 树体紧凑、矮小、适于密植

7 年生金顶红（砧木为吉塞拉 6），自然生长，平均树高 2 米左右，冠幅 2 ～ 2.2 米，亩栽 89 ～ 111 株，是乔砧树亩栽量的 2 ～ 2.5 倍；采用改良纺锤形，主枝 10 ～ 12 个，错落着生；6 年生树株间、行间枝条不交叉，通风透光良好。

2. 萌芽率高，中短果枝多，易成花，早产、早丰

采用吉塞拉 6 作砧木的金顶红，萌芽率达到 93% 以上，不需目伤，几乎所有芽均能萌发。由于萌芽率高，营养相对分散，抽生中、短果枝多，比例高达 90% 以上；几乎无长枝，成花比例高；中心干、主枝基部芽萌发后均形成花束状结果枝。一年生枝条，成花率达 90% 以上，缓放的二年生枝 100% 形成花芽。4 年生树株产 4 ～ 5 千克；6 年生树株产 15 ～ 20 千克，亩产 1750 ～ 2000 千克，比常规乔砧栽培提早 3 ～ 5 年进入结果和丰产期，亩产量增加 1 倍。

3. 简化修剪、省工、省力

由于矮化砧的作用，抽生长枝极少，省去摘心、扭梢等夏剪用工，并且萌发的枝条自然开张角度好，节省部分拉枝人力、物力。

4. 肥料利用率高

吉塞拉砧木主根少，须根发达，树冠投影范围内，几乎布满了须

根，所以肥料利用率高。由于砧木的矮化作用，树体结果早、易丰产，所以要加强肥水管理，尤其果实发育期要少施、勤施水溶性肥料，采用水肥一体化技术。

5. 果个大、商品率高

由于矮化砧的作用，树体通风透光好，光合作用强，营养积累多，表现为果个大，平均单果重 13 ～ 15 克，果个大小均匀，优质果率达到 98% 以上，而乔砧栽培的优质果率一般在 80% 左右。

6. 经济效益高

大连盛泽佳态农业科技发展有限公司，2016 年 4 月上旬成熟的金顶红（砧木为吉塞拉 6）樱桃，平均亩产值 18 万～ 20 万元，比同期其他棚室樱桃产值效益翻一番。

7. 台式栽培技术

在苗木定植前，按栽植行修成高 30 厘米、下底面宽 150 厘米、上台面宽 100 厘米的台田，然后在台上栽植苗木。

台式栽培的好处是：第一，有利于果园排水；第二，有利于改善土壤透气状况；第三，有利于提高早春地温。

8. 铺设园艺地布

沿栽植行以树干为中心铺设 1 ～ 1.2 米宽的园艺地布，行间空地生草，定期中耕。

第九章

大樱桃棚（室）简化省工栽培技术

一、大樱桃对棚（室）环境条件的要求

（一）温度

温度是影响大樱桃生长发育最重要的环境因子，大樱桃不同生长发育时期对温度的要求不同。萌芽期适宜温度为10℃；开花期适宜温度为15～18℃；果实发育至成熟期适宜温度为20～25℃。在反季节棚（室）栽培时，棚（室）内温度要满足大樱桃树体生长发育的需要。在棚（室）中，温度受到棚（室）的保温性能及光照的影响，棚（室）内不同位置在同一时间内温度不同，导致树体生长发育也存在差异。

开花期，高温会大幅度降低花粉萌发率，并使花期雌蕊柱头枯萎率大大提高，胚珠寿命大大缩短。如果设施内的温度超过25℃，即使采取人工授粉也不能提高坐果率。因此，大樱桃设施栽培要求设施的保温性好，而且要具有较好的温度调控措施，满足大樱桃生长发育各时期对温度的要求，避免低温及高温的危害。这是冬季比较寒冷的地区设施栽培大樱桃应该注意的问题。在低纬度地区，气温较高，应该注意合理调控棚室内温度，防止高温危害。

（二）光照

光照是影响设施栽培大樱桃树体生长发育以及果实产量和品质的

重要因素。在光照充足的条件下，大樱桃的叶片发育好，光合能力强，生长健壮，结果枝寿命长，花芽发育充实，果实含糖量高，品质好；光照条件差时，结果部位外移，树冠内膛及下部因得不到光照而出现光秃现象，花芽量少，花芽发育不良，产量低，品质差。开花期，光强度降到自然光照的27.9%时，花粉发芽率由78%降到72%。开花至果实发育期光照不良时，坐果率只有自然光照下的17%左右。这就要求棚（室）采光性能好，能够保证棚（室）内树体得到充足的光照。光照充足，棚（室）内温度提升快，蓄热量多，才能防止夜间棚（室）内温度大幅度降低，有利于树体的正常生长发育。如果树势弱，树体营养积累不足，在果实发育前期，就会因光照不足或持续阴天，导致落果加重。

如果建筑方位不合理，会导致棚（室）内部温度不均，树体发育不一致；棚（室）结构不合理，蓄热和保温性能差，会影响土温的提升和树体的生长发育。

此外，由于棚（室）内光照强度均比自然条件下的弱。在阴雨天，棚膜的透光率不足自然光的50%～70%。棚膜不清洁或使用时间过长而发生老化，透光率甚至更低。棚（室）内受光时数受揭盖草苫、防寒被等的时间影响，光照时数比自然条件下缩短，不能满足大樱桃对日照时数的需求。照在树体上的光受设施结构及棚膜、骨架、立柱等遮光的影响，不同位置的光分布不均，成分不一致，光质也存在差异，树体生长也不尽一致。因此，在设施建设时，在因地制宜的前提下，尽量选好棚（室）的建筑方位、结构；棚膜要透光性好，并保持棚膜干燥洁净。在保证树体温度需求的前提下，早揭晚盖草苫或防寒被，最大程度延长棚（室）内的光照时间。

（三）水分

棚（室）内，空气湿度由灌水量、土壤蒸发量、树体蒸腾量的大小来决定。展叶前，空气湿度取决于土壤水分蒸发量。展叶后，由于植株生长势强，叶面积指数高，代谢旺盛，叶片蒸腾作用强，空气相对湿度提高，而且，夜间随着气温的下降，相对湿度逐渐增大。

土壤湿度取决于空气温度、灌水量和灌水次数及保墒措施。气温高，土壤水分蒸发量大，土壤湿度下降快；灌水量大、灌水次数多，不但提高土壤湿度，同时也提高空气湿度。在有地膜覆盖的条件下，土壤湿度在一定时期内可以保持相对稳定的状态，并可防止空气湿度加大。

土壤营养物质只有在有水的条件下，才能被溶解和利用。土壤水分不足，影响根系对营养的吸收利用。土壤干旱情况下，树体营养吸收受到抑制，树体及果实发育迟缓或停滞，产量和品质下降，严重时造成落果、落叶。干湿交替频繁发生会引发生理性缺素症。

空气湿度大，易引起灰霉病、细菌性穿孔病等病害的发生。果实着色期，如果土壤的湿度或空气湿度过大，会造成裂果，影响果品质量。

在土壤黏重、水分过大的情况下，易引起流胶病、根癌病的发生。夏、秋季，如果雨水过大，容易造成涝害。受涝轻者发生落叶，严重者会造成死树。

因此，在大樱桃设施栽培生产中，要做好水分管理，保持土壤适宜湿度，防止过度干旱和水分过大，更要做好雨季的防涝工作。要求棚（室）具备良好的灌溉与排涝条件以及良好的通风排湿条件。土壤相对含水量保持在 60% ~ 80%；果实成熟期，空气相对湿度不能高于 70%。

（四）土壤条件

果树根系生长要求有良好的营养和气体环境。

土壤肥沃，营养充足、均衡的土壤环境利于树体生长发育。土壤 pH 值过高或过低、通透性不良、有机质含量低，均会导致树体发育不良。在碱性土壤中，由于钙中和了根分泌物，妨碍了根系对铁的吸收，树体易发生缺铁性失绿症；在 pH ＜ 6 的情况下，会出现锰中毒的现象。

土壤空气中，在氧气含量不低于 15% 的情况下，果树根系才能正常生长，不低于 12% 时才能发新根。通气不良会抑制根系的呼吸，同时土壤产生有毒物质也会导致根系中毒，严重时造成根系死亡。

总之，土壤有良好的营养供应和通透性是设施栽培大樱桃所必需的。要选择壤土或沙壤土栽培，忌涝洼地、盐碱地。要采取各种有力措施增加土壤团粒结构，提高土壤的通透性和土壤肥力，改善土壤理化性状。进行测土观树施肥，综合树体及土壤的营养状况，合理施肥，实现土壤及树体的营养平衡，防止土壤理化性状恶化。禁止施用不符合国家标准的肥料。肥料施用必须符合《绿色食品　肥料使用准则》（NY/T 394—2013）。

（五）气体条件

作物的产量 90% 以上来源于光合作用，而二氧化碳是光合作用的主要原料。二氧化碳不足，将导致果实生长缓慢或器官发育不全，落花落果、大小年、早衰、成熟期延迟等现象发生。

在棚（室）密闭环境条件下，空气流动受限。日出前，通过树体呼吸作用和土壤释放，棚（室）内二氧化碳浓度能够达到 0.03% 左右，比棚外高 2 ~ 3 倍。棚（室）揭帘后，随植物光合作用的增强，二氧化碳浓度会降至 0.01% 以下，严重制约植物光合作用效率。这样就使棚（室）内的空气在夜间时氧气含量较少，影响植物正常的呼吸作用；白天，在与外界不进行气体交换的情况下，氧气含量较高，二氧化碳含量低，又会影响光合作用。另外，在密闭的棚（室）环境下，肥料分解的产物——氨气、二氧化硫以及使用有毒的农用塑料薄膜或塑料管等释放出的乙烯和氯气等有毒有害气体成分的浓度较高，也会对花器、花芽、叶芽、叶片等产生危害。在生产过程中，要重视棚（室）内外的气体交换，充分保证树体对氧气、二氧化碳等的需求。

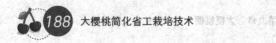

二、品种选择

（一）品种选择的原则

简化省工栽培对品种的选择应该遵循以下原则。

（1）坐果率高，易管理　品种的自花结实率高或品种间授粉亲和力好，在科学管理的基础上，可获得较高的、较稳定的产量和效益，减轻人工授粉等辅助工作的压力。

（2）需冷量低，果实发育期短　在需冷量低的前提下，果实发育期短，树体可以提前完成休眠，棚（室）提早升温，果实成熟早，能够拉开与不同地区及露地栽培大樱桃成熟上市的时间，以达到上市早、市场售价高、提高收益的目的，突出设施的增效作用。

（3）同一棚（室）的品种果实发育期相近，便于管理　在同一棚（室）内，不论是主栽品种还是授粉品种，花期和果实发育期要相近，利于统一完成施肥、喷药、灌水等作业。

（4）根据用途选择品种　以观光采摘为目的的，品种选择宜多样化，选择果实不同色泽（黄色或红色等）、不同果形（圆形、心脏形、肾形等）、不同风味（甜、甜酸、酸甜等）、不同硬度（硬肉、软肉等）的品种，满足不同消费者的口味、好奇心；以市场销售为目的的，要选择果实经济性状优良、品质好、果个大、果肉硬、耐储运的品种，保证果品在市场或商场中有较长的货架期。

（二）适于棚（室）栽培的品种

（1）红灯　平均单果重9.6克，果实品质好，耐储运，抗裂果，果实发育期45天左右。

（2）布鲁克斯　美国加州大学戴维斯分校选育，亲本为雷尼（Rainier）和早布莱特（Early burlat）。果实呈扁圆形，果个大，平均单果重9.4克，最大果重13克。果皮厚，果皮底色为金黄色，果面为深红色，完熟时果面呈暗红色。果肉呈黄色，果肉硬脆，风味甘甜，可溶性固形物含量 17.0%，可食率 96.1%；品质上等，耐储运；果实发育期 50 天左右。成花容易，坐果率高，进入盛果期比红灯早，丰产。

（3）含香（俄罗斯 8 号）　果肉甜，果个较大，平均单果重 12.9克，果皮厚韧，弹性强，耐储运性好。果实发育期 50 天左右。

（4）红艳　平均单果重 8 克，最大单果重 10 克；果肉细腻，质地较软，果汁多，酸甜可口，品质上等。在授粉树配置良好的情况下，自然坐果率可达 74% 左右，和红灯同期成熟。

（5）明珠　大果型、极早熟品种，平均单果重 12.3 克，果实发育期 40 天左右，熟期稍早于红灯，适合采摘。

（6）早红珠（代号 8-129）　果肉较软，肥厚多汁，风味酸甜，早熟，果实发育期 42 天左右。

（7）桑缇娜　平均单果重 8.3 克。果肉硬，味甜，品质中上，果实发育期 50 天左右。该品种以花束状果枝和短果枝结果为主。抗裂果，自花结实，丰产性好。

（8）红蜜　大连农科院选育，肉质较软，多汁，品质上等。不耐储运，果实发育期 50 天左右。该品种花量大，坐果率高，适宜作为设施栽培的授粉品种，亦适合采摘。

（9）意大利早红（Bigarreau moreau）　中国农科院北京植物研究所自意大利引入。平均单果重 8.8 克，果肉硬，较耐储运。果肉汁多，酸甜适口，品质上等，果实发育期 35 天左右。

（10）早露（代号 5-106）　极早熟优良品系。平均单果重 8.65 克，最大果重 9.8 克。果肉较软，肥厚多汁，风味酸甜可口，可溶性固形物含量 18.9%。较耐储运。果实发育期 38 天左右。

（11）美早　果实呈圆形，紫红色，鲜艳，有光泽，果个大。果肉脆硬，肥厚多汁，品质中上，耐储运。果实发育期 50 天左右。

（12）早丹　北京市农林科学院林业果树研究所从保加利亚引进的大樱桃品种 'Xesphye' 的组培无性系中发现的早熟变异。果实呈长圆形，平均单果重 6.2 克。果皮初熟时为鲜红色，完熟后为紫红色。果肉为红色，汁多，可溶性固形物含量 16.6%，风味酸甜可口，可食率 96%。果实发育期 31 ～ 33 天。

该品种树势中庸，树姿较开张；一年生枝阳面呈棕褐色，节间平均长度 4.3 厘米，新梢呈绿色。花粉量多，花期早。7℃以下低温需求量约 600 小时。早果、丰产性好，自然坐果率高。初果期以中、长果枝结果为主，进入盛果期后以短果枝和花束状果枝结果为主。

（13）龙冠　中国农科院郑州果树所育成，亲本为那翁和大紫。果实呈宽心脏形，果个大，平均单果重 6 ～ 8 克，最大果重 10 克。果实为宝石红色，果肉为紫红色，果肉较硬，汁液中多，甜酸适口，可溶性固形物含量 14%。黏核，可食率 95.4%，不裂果，较耐储运。果实发育期 40 天左右。

该品种树势强健，树姿较直立，自花能结实，丰产、稳产。

（14）拉宾斯（彩图 9-1）　加拿大品种。果实呈宽心脏形或近圆形，果皮厚韧，果肉脆硬、多汁。平均单果重 8 克，品质上等，耐储运，果实发育期 55 ～ 60 天，着色初期即具有较好的鲜食品质，可以早采，采摘期长。

裂果轻，花粉量大，与多品种授粉亲和力强，是优良的通用授粉品种。自花结实率高，早果性和丰产性均好。

（15）先锋（彩图 9-2）　加拿大品种。果实呈肾脏形，果皮厚韧、紫红色，肉质脆硬、肥厚、汁多，风味佳，品质上等，果实耐储运。

花粉量多，自然坐果率高，也是一个优良的授粉品种。

（16）萨米特　加拿大品种。果实呈宽心脏形，果个大，果皮韧性强，紫红色。品质中上。果肉硬度大，耐储运。

花粉量大，成花容易，3 年生树即可见果，5 年生进入丰产期。抗逆性强，抗病，抗裂果。

（17）黑珍珠　果实呈肾形，果个大。果皮为紫黑色，肉质脆硬，风味甜，耐储运。

该品种树姿半开张，盛果期树以短果枝和花束状果枝结果为主，伴有腋花芽结果，自花结实率高。

早产性及丰产性好。果实在树上挂果时间长，且果肉不变软，可延期采收 10 天左右。

（18）佳红　果实呈宽心脏形，果实底色为浅黄色，向阳面呈鲜红色，果肉呈浅黄色，肉质较软，肥厚多汁，风味酸甜适口，品质上等，是黄色品种中较耐储运的品种。

该品种花芽量大，连续结果能力强，丰产。果实发育期 55 天左右。自花不结实，必须配置授粉树，为较好的授粉品种。

（19）宾库　美国俄勒冈州育成，为 Republican 的自然杂交种。果实呈宽心脏形，平均单果重 7.8 克，最大果重 13.8 克，果面为深红色，果皮厚韧，肉质脆硬、浅红色、多汁，甜酸适口，品质上，耐储运。果实发育期 55～60 天。

该品种树势强健，树冠大，树姿开张。枝条粗壮、直立，分枝力较弱。以花束状果枝结果为主。丰产，适应性强。适于设施栽培。

（20）艳阳　加拿大选育。果实呈圆形，果个大，平均单果重 11.6 克。果皮为红色至深红色，有光泽；果肉为玫瑰红色，果汁红色，果肉肥厚、脆硬，可溶性固形物 17.8%，风味浓，品质中上。可食率 94.0%。果实发育期 55 天左右。

该品种幼树生长旺盛，盛果期后树势逐渐衰弱。自花结实，栽后第三年开始结果，丰产，稳产。

（三）砧木

棚（室）栽培大樱桃推荐的砧木主要有以下几种。

（1）本溪山樱　与大樱桃嫁接亲和性好。本溪山樱主侧根均发达，抗旱性强。以本溪山樱为砧木的嫁接苗生长健壮，停长早，树体无早衰现象。

（2）马哈利（Mahaleb）　马哈利是大连及陕西等地应用的主要半

矮化砧木品种之一，与大樱桃品种嫁接亲和性好。以马哈利为砧木的大樱桃树体早果性好。

（3）考特（Colt）　考特在山东临朐地区被广泛应用，表现良好。考特根系发达，干性强，生长旺盛，抗旱、固地性好，与大樱桃嫁接亲和力强。用考特作砧木建园，园相整齐，早果性好，丰产、稳产。

（4）吉塞拉5　吉塞拉5是在欧洲广泛应用的大樱桃矮化砧木，近年来也被部分棚（室）采用。其具有丰产、早实、抗病、耐涝、产量高等优点，但易早衰，对土壤条件要求高，建议肥水条件较好的棚（室）采用。

（5）吉塞拉6　吉塞拉6为半矮化砧木，与大多数大樱桃品种亲合性良好，表现为早果、丰产，要求很好的土壤肥力和水肥管理水平，否则易出现早衰。

三、设施的类型及设计

（一）拱圆式温室（图9-3、图9-4）

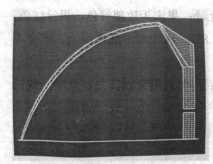 

图9-3　拱圆式温室截面图　　　　图9-4　拱圆式温室室内实景

拱圆式温室的优点是温室空间大、土地利用率高、采光性能和保温性能均好，是大樱桃设施栽培较理想的结构。

钢架结构，东西走向。采光屋面朝向为南偏东或南偏西3°～5°。在极端低温低于−20℃的地区或附近有山、高大树木、高大建筑的情况下，向西偏 3°～5°；极端低温高于 −20℃ 的地区或平原地区，向东偏 3°～5°，以利于更好地利用光照。

温室前屋面为钢结构一体化半圆拱架。跨度 9～14 米，矢高 4.5～5.5 米，长 50～150 米。墙体厚度 50～100 厘米，后坡仰角 35°～60°。棚室面积 666.7～2000.0 平方米。在冬季多雨雪地区，跨度超过 9 米，每隔 6～10 米立一根支柱，增强抗压能力。后墙留通风窗或通风孔。窗的面积为 600～3000 平方厘米，每隔 4～6 米一个。

墙体以实心砖或石块为好，利于白天蓄热，提高夜间温度。在较寒冷地区，要增加墙体厚度和保温层，提高其保温性能。

（二）塑料大棚（图 9-5、图 9-6）

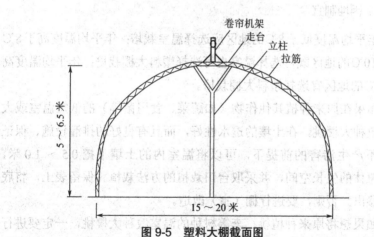

图 9-5　塑料大棚截面图

塑料大棚结构简单，空间大，土地利用率高，投资少；且具有充分利用太阳光、保温、抗风等优点，但保温性较温室差。

塑料大棚宜南北走向，充分利用光照。矢高 5～6.5 米，肩高 1.5～3.5 米，跨度 15～20 米，长 50～80 米；拱架间距为 0.8～1.0 米；中柱间距为 4～6 米。

图9-6 塑料大棚棚内实景

（三）其他应注意的问题

1. 因地制宜

年平均温度低于8℃的地区应选择温室栽培；年平均温度高于8℃低于10℃的地区既可选择温室也可选择塑料大棚栽培；年平均温度高于10℃的地区宜选择塑料大棚栽培。

如果在原来种植其他作物（如蔬菜、食用菌等）的低矮温室或大棚内改种大樱桃，在土壤的透水性好，而且有良好的排灌设施、保证雨季不产生涝害的前提下，可以将温室内的土壤下挖0.5～1.0米，增加树体的生长空间，并采取台田栽植的方法栽植。保留表土，将底层土移出。否则，要进行棚（室）改造。

如果想将原来种植桃、李等树种的温室改种大樱桃，一定要进行换土，防止土壤中残留大量的致病菌、根系分泌物及生长抑制剂，从而影响新植树的生长发育。

如果条件允许，可以将全棚表层1米以内的土壤全部换掉，填入土壤肥力较高、通透性好、无污染的新土。

在条件不允许的情况下，要将栽植坑内长、宽为1～1.5米，深1米范围内的土壤换掉。

2. 配置缓冲间（图9-7）

在棚（室）一端建起缓冲作用的作业间，避免在工作中出入棚（室）而使外界冷空气直接进入棚内，降低局部环境温度，影响局部树体发育。

3. 配备消防设备

近年来，温室、大棚失火

图9-7 配置缓冲间的温室

现象时有发生，要加强防范，消除安全隐患，每个温室都要配备消防灭火器。

四、建园

（一）园地的选择

保护地设施是长久性建筑，位置的选择很重要。要尽量选在交通便利、无环境污染、地势开阔的地方或山地的阳坡。最好的园址为：地下水位低、排水良好，中性壤土或沙壤土，土层深厚、肥沃。建棚前，要对土壤营养状况进行测试分析，并进行土壤改良，采取生草、施有机肥或菌肥等措施，提高土壤的肥力和通透性，为今后的生产打好基础，减少建园后在土壤管理方面的投入。

（二）苗木的选择

选择苗木（树）时，要选择无病毒、根系发达、完整、无机械伤害的健壮苗或树。移栽大树，需远距离运输的应选择3～5年生的树；就近栽植或短距离运输的，可选择5～7年生树，确保树体能够较快地恢复正常生长发育。

选择苗木时，还要考虑砧木的适应性问题。壤土、沙质土壤选用以山樱桃、马哈利、酸樱桃、考特为砧木嫁接的树，易发生涝害的土壤选择以大青叶为砧木嫁接的苗或树。

建园时，可以根据自身条件，选择栽植2年生苗或3～7年生树。

栽植2年生大苗，节省购买或移栽的费用，投入少。而且从幼树开始培养，能够培养出树形、树势很好的树体，便于今后的管理。建议在北方大樱桃非适栽区，尤其是沈阳以北地区建棚，采用此办法。

栽植3年生以上树龄的树，能够尽早获得产量和效益。在大樱桃适栽区可以在露地培养结果树，达到合适树龄时直接扣棚或移栽到棚（室）内。异地建棚，需要远距离运输的，起树时采用挖掘机，保留完整的根系。

（三）授粉树的配置

目前，生产上具有自花结实能力的品种很少，除"拉宾斯""桑缇娜""艳阳""黑珍珠"等少数品种可以自花结实外，绝大多数品种不能自花结实，必须配置授粉品种。在配备授粉品种的条件下，自花结实品种产量也会大幅提高。

选择品种时，要遵循品种选择原则，依据品种间授粉的亲和性、果实发育期与花期相遇时间及商品性确定品种，并合理配置授粉品种；授粉品种与主栽品种需冷量、花期和果实发育期相近，各品种S基因型不同，授粉亲和力高（表9-1）。防止品种混杂给管理造成不便。

表9-1　部分大樱桃品种的S基因型

S基因型	品种
S_1S_2	萨米特
S_1S_3	先锋
S_1S_4	拉宾斯、桑缇娜、雷尼
S_3S_4	宾库、艳阳、甜心、红丰
S_3S_6	红蜜、5-106
S_3S_9	美早、红灯、红艳
S_4S_9	早红珠、龙冠、巨红
S_4S_6	佳红

每一棚（室）以一个品种为主栽品种，授粉品种2～3个，主栽品种与授粉品种比例为7∶3。采用行列式、中心式（或分散式）配置授粉品种，使授粉品种均匀地分布，提高授粉效果（图9-8、图9-9）。

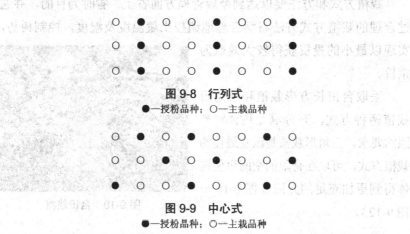

图9-8　行列式

●—授粉品种；○—主栽品种

图9-9　中心式

●—授粉品种；○—主栽品种

（四）栽植

1. 栽植时期

春季和秋季均可栽植。

春季栽植以萌芽前栽植为宜，过晚，树体营养消耗大，不利于根系恢复生长。

秋季栽植要在落叶后进行，如果叶片没有全部脱落，要人工摘除，防止因树体失水过多而降低成活率。

秋季栽植要在冬季能够扣棚的条件下进行，否则要春季栽植。

2. 栽植密度

适宜的株行距应为：纺锤树形，株行距（3～4）米×4米；主干疏层树形，株行距4米×（4～5）米。如果栽植密度大，会影响树体对光能的利用，增加病虫害的发生概率，进而影响花芽形成和果实品质的提高，还会导致树体结果部位外移，并给施肥、灌溉、喷药

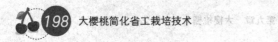
等管理带来极大的不便。

3. 栽植方式和方法

栽植方式和方法要以达到今后管理方面省工、省时为目的，并通过合理的栽植方式方法科学合理地调控土壤温度及湿度，控制树势，实现以最小的投资获得较大效益为宗旨。

采取台田长方形栽植和三角形栽植两种方式，充分满足树体对光照的要求。三角形栽植是温室最佳的栽植方式，可以在有限的空间里使树体得到更加充足的光照（图9-10～图9-12）。

图9-10　台田栽植

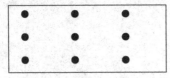

图9-11　长方形栽植

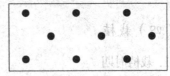

图9-12　三角形栽植

台田：台的基部宽1.5～2.0米，台面宽1.2～1.5米，台高40～50厘米。台田的宽度视树龄大小来定，树龄小适当小些，树龄大要适当加宽。

栽植低龄树，在台上根据株行距挖栽植坑（穴）。坑（穴）深80～100厘米、直径80～100厘米。栽植坑（穴）内先填入10～15厘米厚的秸秆，并压实，再填入25～50千克的优质腐熟农家肥。然后回填表土至栽植穴的3/4左右处，然后灌水沉实，等待栽植。

栽植时，树根颈处与地面平齐，不能过深。栽植过深，嫁接口处容易感染病害，造成腐烂，甚至死树；而且根系部位土壤透气不良，影响根系发育，易感染根癌病、根腐病等病害，对树的整体发育不利。

栽植4年生以上的大树，先挖宽1米、深40厘米的栽植沟，沟内施入 20～30 厘米厚的腐熟有机肥，并与表土拌匀，然后栽植。树位置固定后，用行间的耕层土回填并直接修成台田。大树要用木杆或竹竿进行固定，以防倒伏。

就近移栽要边起边栽，远距离移栽要在起树后 1～2 天内完成栽植。栽植后要灌 2 次大水，水渗下后封土，覆盖地膜或园艺地布保墒。

台田栽植适用于所有的棚（室）。升温后，地温上升快，利于树体正常生长发育。在生长季中，能够有效地防止土壤水分过多导致树体生长过旺；雨季，特别是地下水位高的地块，可以有效地防止涝害的发生。

台田栽植也是控根栽培的一种方法，对根系生长及树势起到控制作用。

（五）栽后管理

1. 春季栽植后的管理

成龄树定植后，应立即对树体进行修剪，减少地上部营养消耗，促进根系生长。修剪时，要疏除竞争枝、徒长枝和过密枝，回缩冗长结果枝组。花芽多或树势弱的树，要对冗长结果枝组做回缩处理。高度超过棚面的树，要在距棚面 1～1.5 米处落头。树冠下部，枝头向下的细弱结果枝组要在向上生长的分枝处回缩。

1 年生和 2 年生苗于定植后分别在 60 厘米和 1.2 米处定干。

生长季，及时进行夏剪。在萌芽初期抹除主枝背上直立旺长的新梢，未及时抹除的后期要从基部疏除。其他部位新梢长到 15～20 厘米时，保留 5～7 片完整大叶摘心，连续摘心 2～3 次。

春季栽植后，定期检查土壤墒情，保持土壤湿度稳定。采用省水、省工的滴灌方法，保持土壤墒情稳定。有机质含量高的土壤每隔 15 天左右（沙土每隔 7 天左右）滴灌一次，使土壤始终处于不干不湿状态，且 30～45 天进行一次松土。

萌芽前，树体喷布 5 ～ 7 波美度的石硫合剂。展叶以后至 5 月下旬，间隔 15 ～ 20 天，叶面喷施 0.2% 的尿素溶液或氨基酸类营养剂 2 ～ 3 次，并及时防治螨类、卷叶蛾等。

2. 秋季栽植后的管理

秋末直接栽入棚（室）里的树，修剪工作待升温前完成，不能过早，以免剪口因湿度大受到病菌感染。修剪处理与春季栽植相同。

秋季移栽大树，最好在 2 月份以后升温或在满足需冷量的条件下，延迟升温 20 天左右。

升温时，升温速度不能过快，否则会因温度提升过快，导致树体水分及养分供应失调，严重者造成死树。在升温后 2 周内，白天温度控制在 8 ～ 10℃；第三周至第四周温度控制在 10 ～ 12℃；第五周至第八周，温度控制在 13 ～ 15℃；第九周至落花，温度控制在 15 ～ 18℃。通过控制温度提升速度，促进根系生长，使根系有足够的时间恢复生长，保证在升温后，根系能够提供树体生长所需的水分与营养，避免地上部生长与地下部生长的不平衡。

栽植当年要以恢复树势作为重要工作。开花前，摘除花蕾，减少树体营养消耗。

五、棚（室）的管理

（一）休眠与升温

1. 休眠期的确定与管理

据刘坤等研究表明，大樱桃叶片在初霜来临后，叶片的功能丧失或急剧衰退。所以，在初霜到来之后，即在气温出现 0℃ 以后即可扣棚使大樱桃树在棚内休眠，并根据需要确定扣棚休眠时间。

休眠期间，棚内温度控制在 0 ～ 7.2℃，防止温度过高影响休眠。休眠前期，如果室外温度高于 7℃，可以通过夜间卷起底脚的棚膜和草苫（棚被）、打开通风口的方法控制棚（室）内温度；如果棚（室）内温度低于 0℃，可以在白天略微卷起底脚棚膜外的草苫（棚被），通过光照调节温度，使温度维持在 0～7℃。

休眠期间，及早清除病残枝和落叶，并将其移出棚外烧毁。

休眠前或休眠初期，进行冬前灌溉，灌足、灌透。休眠期间保持土壤相对含水量为 60%～70%。

2. 升温

升温时期要根据不同品种的需冷量来确定，在满足需冷量的前提下，根据上市时间确定升温时间。一般情况下，当 0～7.2℃ 的低温累计达到品种休眠所需时间，即可升温。由于不同品种、不同质量的花芽完成休眠所需的需冷量不同，升温时间要兼顾同一设施内的主栽和授粉品种及花芽质量来确定。红灯、红艳、8-129、红蜜等需冷量为 800～850 小时，佳红、美早、先锋、雷尼、宾库等为 800～1000 小时。在一般情况下，花芽质量好，需冷量达到 1000～1200 小时开始升温，基本可以满足各品种的需冷量要求。

升温的过程中，要坚持循序渐进的原则，缓慢升温，防止因为升温过急导致树体地上部与地下部生长失衡，影响开花坐果。升温后，第一周白天温度控制在 10～12℃，第二周以后控制在 15℃ 左右直至萌芽，开花期 15～18℃。

（二）温度、湿度的调控

1. 温度调控

（1）温度要求　休眠期，设施内最低温度不宜低于 0℃，最好保持在 2～3℃。温度过低，影响升温后温度的提升速度，过高会降低休眠质量，影响花芽质量。

（2）调控方法　利用智能温控设备自动调节温度（图 9-13），人工配合，以达到对温度的准确控制，并减轻人工劳动强度。升温后管理人员要密切注意棚（室）内的温度变化，通过放风调节温度及空气湿度，补充棚（室）内的二氧化碳。

放风时，首先选择上风口放风。如果棚（室）内温度过高，开上风口仍不能使温度降到适宜温度，就要及时打开后墙通风窗放风或进行腰部放风（图9-14）。

图9-13　智能温控设备　　　　　　图9-14　腰部放风

果实白熟以后，昼夜温差要在10℃以上。随着外界气温的不断上升，在保证次日早晨揭棚前最低温度不低于6～8℃的前提下，晚间通过调整防寒被的遮盖高度来调节棚（室）内温度。并逐步进行早揭棚、晚盖棚，延长光照时间。

要注意的是，升温至开花期间，不能采取底部放风的方法调节温度，否则外界冷空气直接通过地面，影响地温的提升。

低温寡照的情况下，保证设施内最低温度不低于2℃。可以在缓冲间设燃烧炉，将排烟管道铺设到棚内，燃烧木材或煤炭、谷壳等燃料，管道尾端用引风机吸引热风来提高棚内温度。此种加热措施既经济又实用，效果较好。除此之外，有条件的情况下也可以利用暖气加温。

根据经验，在外界出现极端低温时，要能够保证设施内温度不低于2℃，这样才能确保避免冻害发生。晴天设施内温度过高时，温度达到适宜范围的下限即开启放风口，可以防止温度持续上升给降温带来麻烦。

（3）增温措施

①覆膜　棚（室）内升温后，土壤覆盖地膜，促进土壤温度的提升。坐果前，最好先覆盖无色地膜，幼果期改为覆盖黑色地膜或园艺地布。也可以在地膜覆盖的基础上扣小拱棚，更有利于地温的提升，使花期提前2～3天。

升温前后的一周内，完成灌水作业，灌溉后，及时进行松土，而后立即覆盖地膜。防止灌水过晚，影响土温提升速度（图9-15）。

图9-15　覆盖地膜

②挖防寒沟　在温室内前底脚设防寒沟可以中断土壤横向热传导，使地温处于稳定状态，室外地温对室内地温影响较小。温室内四周离墙基6米范围内的地温均受室外地温影响。防寒沟深1米左右，宽50～60厘米，沟内填入猪粪、马粪、羊粪、秸秆、豆饼等。有机肥在发酵过程中释放热量，能够使温室内温度提高2℃，还能增加二氧化碳含量。

③秸秆反应堆的应用　在树冠外围，距主干50～60厘米，挖深60厘米、宽50厘米的沟槽，将玉米秸秆、稻草、豆秸秆、杂草等铺入沟内，并压实，厚度与沟的深度一致，两端裸露10～15厘米。按照1000千克/666.7平方米的施用量，将猪粪等农家肥覆盖到秸秆上。再将菌种按照使用说明书规定的与秸秆比例喷洒（液体）或施（固体）到秸秆和农家肥上，然后在其上覆盖20厘米左右的表土，并覆盖无色地膜。升温前，向沟内灌水。待棚（室）升温时即启动反应堆升温，启动4～5天以后，在地膜上每隔30厘米左右打孔，孔深及沟槽底部。

秸秆反应堆技术是对大樱桃设施栽培益处较多的一项有力措施，应该广泛加以应用。设施条件下，秸秆反应堆技术对提高地温、提高坐果率、改善果实品质方面均有明显效果，地温可提高2～4℃，提高二氧化碳含量 4 ～ 6 倍，坐果率提高 3.7% ～ 7.7%，果实成熟期提早 5 ～ 7 天，而且果实成熟期集中。除此之外，还起到改良土壤、培肥地力的作用。

2. 湿度调控

（1）空气湿度调控　萌芽至开花期，空气干燥，影响花芽的正常发育和开花质量。要于上午 9 时左右及下午 2 时左右向过道、墙面喷水，以增加棚内湿度。幼果期停止喷水，防止因湿度过大诱使灰霉病等病害的发生。

果实白熟至脆熟期，水分过大容易使果实细胞内水分迅速增加而造成裂果。在完熟之前，要严格控制土壤的含水量，保持土壤湿度稳定，防止土壤湿度变化过大。果实成熟期设施内空气湿度超过 60% 时，及时通风排湿。

除通风排湿外，也可利用放置生石灰的办法降低棚内湿度，防止高湿造成裂果。在棚室内，每隔 4 ～ 5 米距离放置一堆生石灰吸湿，每堆 5 千克。生石灰下面要铺上一层塑料布，不要将生石灰直接与地面接触。

（2）土壤湿度调控　萌芽到果实成熟前，要求土壤相对含水量为 70% ～ 80%。大樱桃开花需要足够的水分，水分不足，土壤墒情差，花发育不良，花小，柱头分泌的黏液少，花粉粒生命力弱，影响授粉受精，影响坐果。

开花以后，进行膜下滴灌。有机质含量高的土壤每隔 15 天左右（沙土每隔 7 天左右）滴灌一次水，每次灌 2 ～ 4 小时。使土壤始终处于不干不湿状态（图 9-16）。

每间隔 30 ～ 45 天进行一次松土，松土后马上将地膜盖好，

图 9-16　膜下滴灌

防止棚室内湿度过大，诱使病菌滋生。

　　果实成熟期，适当控制土壤含水量，保持土壤相对含水量为60%～70%，防止水分过大造成裂果，降低果实品质。

　　棚（室）栽培大樱桃温度、湿度管理指标如表9-2所示。

表9-2　棚（室）栽培大樱桃温度、湿度管理指标

项目	休眠期	萌芽期	开花期	幼果期	成熟期
昼温 /℃	0～7.2	10～15	15～18	18～22	22～25
夜温 /℃	0～3	3～5	5～7	7～10	10～15
空气相对湿度 /%	70～80	70～80	50～60	60～70	60～70
土壤相对含水量 /%	60～70	70～80	70～80	70～80	60～70
地温 /℃	0～5	6～12	10～18	15～22	15～22

（三）花前追肥

　　根据上年的土壤、树体营养分析结果，确定施肥种类和施肥量。一般情况下，成龄树每株施高氮低磷钾复合肥0.5～0.75千克。

　　追肥采取冲施肥的方法，利用水肥一体化滴灌设施完成，减少用工量（图9-17）。

（四）花果管理

1. 花期管理

图9-17　水肥一体化滴灌设施

　　（1）花期喷肥　盛花期喷施0.2%～0.3%硼砂+0.2%磷酸二氢钾溶液；若花量大或树势弱，再加喷0.2%的尿素。

　　（2）授粉　在设施条件下，虽然配置授粉品种，但由于没有风或昆虫的作用，品种间授粉不能自然进行，采取蜜蜂授粉是最简单、最有效的授粉措施，其具有省工、省时、省力、经济的特点。在蜜

图 9-18 蜜蜂授粉

蜂活动能力差或低温寡照、温度低、影响蜜蜂活动的情况下，要及时进行人工辅助授粉，以提高坐果率。

① 蜜蜂授粉（图 9-18） 开花前 3 ～ 5 天，选择活力较强的蜂群，放到棚（室）内，使其适应温室的气候环境。一般每 2000 ～ 3000 平方米放置一箱蜜蜂，有条件可多放一箱。如果温度达到 15℃以上，蜜蜂不访花或者出箱后都落在蜂箱周围呈假死状，要马上更换，以免影响授粉，并及时进行人工辅助授粉。

② 人工辅助授粉 初花期，采集各授粉品种未开放的气球状花，剥下花药，混合置于 21℃的环境中阴干，然后装入小玻璃瓶制成的授粉器中待用。

每天上午 9 ～ 10 时或下午 3 ～ 4 时，用套着翻卷的气门芯的铁钉或者棉签蘸取花粉，对开放的杯状花进行人工点授，操作时动作要轻，并避免重复进行，防止伤到柱头。

在棚（室）内授粉品种配置充足的情况下，可以用鸡毛掸子在不同品种的花上轻扫，将不同品种花粉通过鸡毛掸子的移动传播到各品种的柱头上。

（3）花期温度 花期温度宜控制在 15 ～ 18℃，萨米特、含香、早大果等品种的花期宜控制在 15 ～ 16℃，温度过高会降低坐果率。

管理人员要密切注意棚（室）内的温度变化，当气温超过 18℃时，就要立即打开通风口降温。如果通风不能达到降温目的，可以在行间开沟灌水或地面喷水，利用水分蒸发吸收热量，实现降温。喷水可以在上午的 9 时到下午 3 时进行，每隔 2 小时喷一次，一方面可以起到降温作用，另一方面还可以提高空气湿度，防止因柱头干燥，影响授粉受精。也可以在午间高温时段，搭盖遮阳网，降低棚（室）内温度。

2. 果实发育期管理

（1）疏果　在生理落果后进行疏果。一般在落花后两周左右，疏去小果、畸形果、病虫果。树势中庸健壮的树，一个花束状果枝或短果枝上留 5 ～ 8 个果；树势弱，一个花束状果枝或短果枝上留 4 ～ 5 个果。纺锤形树体，每延长米结果母枝负载量控制在 0.5 ～ 1.0 千克。

（2）夏剪　果实发育期，疏除过密枝、主枝背上的直立枝、徒长枝，促进果实营养积累，增加果实的可溶性固形物含量。当新梢长至 15 ～ 20 厘米时，保留 5 ～ 7 片大叶，及时摘心，防止新梢与幼果争夺营养。

（3）肥水管理

① 水分管理　生长期内，土壤相对含水量降到 50% 以下时，地上部分生长停止；土壤相对含水量降到 30% ～ 40% 以下时，会造成大量落果。土壤相对含水量为 60% ～ 80% 对樱桃生长最为有利。棚（室）升温前后的 3 ～ 5 天内灌一次透水，当水完全渗下后，全园覆盖地膜保墒。以后视土壤墒情状况，进行膜下滴灌或小水灌溉。

幼果期水分供应要充足，而且保持土壤湿度变化平稳，土壤相对含水量维持在 60% ～ 80%，特别是硬核期后，要防止土壤干旱，以免影响果实的膨大。

果实进入着色期以后，空气或土壤湿度过大，容易造成裂果。所以灌水量不能过大，也不能忽干忽湿（图 9-19）。

② 施肥　落花后，追施氮、磷、钾含量均衡的复合肥，0.5 ～ 0.75 千克 / 株；树势弱或土壤肥力较差，叶面喷施氨基酸，提高树体抗病性，促使树体生长健壮，提高光合作用效率。

图 9-19　裂果

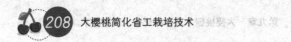

果实硬核后至着色前，追施低氮中磷高钾复合肥，0.5～0.75千克/株；在土壤钙素含量不足的情况下，叶面喷施钙肥，预防裂果。

（4）温度管理

落花后，大樱桃果实生长与枝梢营养生长几乎同时进行，果实生长前期营养竞争激烈，任何影响此期果树生长的逆境条件都将严重影响果实发育，所以要防止温度过高而使新梢过快生长，与果实竞争营养。幼果期，温度宜控制在18～22℃；果实成熟期，温度宜控制在22～25℃，并且严格控制夜温，最好控制在适宜温度的下限，防止夜温过高造成果实变软。

进入幼果期以后，如果通过调节上风口也不能降低棚内温度，可以结合通风窗的开闭来进行。

（5）气体调控

通风换气：在保证树体各生长发育时期对温度需求的前提下，结合通风降温进行通风换气，补充二氧化碳，并排除有害气体。

利用炉火和烟道加温的温室，炉体和烟道设置要合理、安全，防止烟气泄漏。如果以煤作燃料，应选择优质无烟煤，防止二氧化硫等有毒物质的危害。

（6）光照

大樱桃叶片随着光照强度的减弱，净光合速率降低。要通过夏剪，疏除过密枝、重叠枝、徒长枝，充分利用高山光照条件；采取早揭帘、晚盖帘的方法延长日照时间；采取铺反光膜、清洁棚膜等多种有力措施保障树体有充足的光照。

（五）采收与撤膜

1. 采收

从着色到充分成熟阶段果实的生长量占整个果实的35%左右。采收过早，果小，品质差；采收过晚，果肉软，不耐储运，货架期短。

同一时期果实的着色和成熟度因树体的栽植位置以及果实的着生部位、树龄、树势的不同而不同，温度和光照条件差的位置果实着色晚，成熟也晚，要分期、分批地采收。

采收后，剔除病虫果和畸形果，按照销售要求进行分级和包装。包装箱高度以 12 ～ 20 厘米为宜。

2. 撤膜

5 月上旬以后，室外温度达到 15℃ 以上时，撤掉棚膜。应避免撤膜过晚，以防止高温及通风不良导致螨类发生。

（六）采后管理

1. 采后追肥

采后立即进行叶面喷施氨基酸肥料或 0.3% 的尿素溶液，加快树势的恢复；土壤沟施充分腐熟的有机肥 100 千克 / 株以及饼肥 5 千克 / 株，并根据土壤检测结果补充营养。

2. 病虫防治

采收后，结合叶面喷肥，喷施广谱性杀菌剂、杀螨剂、杀虫剂，预防病虫害的发生。

6 月下旬雨季来临之前，喷布代森锰锌或戊唑醇等杀菌剂，预防早期落叶。

3. 疏松土壤

对长期使用滴灌或灌溉后没有进行松土的园地，要用长齿耙进行松土，增加土壤通透性，改善根系周围土壤环境。灌溉及降雨过后必须进行中耕除草，中耕的深度为 10 厘米左右。

4. 行内覆草（图 9-20）

行内用杂草或秸秆进行覆盖，保持土壤墒情稳定，并为土壤有益

图9-20　行内覆草

微生物提供良好的生活环境，提高土壤有机质含量。

夏季，利用割草机对行间杂草定期刈割，然后覆盖到行内。杂草覆盖厚度为 15～20 厘米。过薄，土壤水分蒸发快，保墒效果差。覆草后，每株均匀撒施尿素 0.2～0.5 千克，以满足微生物分解有机物对氮肥的需要。

5. 灌溉与排涝

经常观察土壤墒情，防止干旱与涝害的发生。6 月中旬以后进入雨季，要做好排水防涝工作，防止水分过大导致树体徒长及涝灾造成死树。平作的情况下，在行间挖深、宽各 50 厘米的排水沟，保证顺利排水。

6. 早秋施肥

早秋施基肥以 9 月上旬为宜，最迟在 9 月末。施肥应以猪粪、牛羊粪、饼肥等有机肥为主，或各种粪肥混合沤制的肥料。根据树体及土壤营养状况，补充所需营养元素，为翌年的生长发育打好营养基础。初结果树每株施粪肥 25 千克，盛果期树每株施 50 千克。同时每株加入饼肥 3～5 千克。施肥的同时，将覆盖的杂草一并埋入施肥沟内。

施肥沟宽 40～50 厘米，深 40～50 厘米，环状或条状。并对树盘进行深翻。生长旺盛的美早、红灯等要切断部分粗度在 1 厘米以上的根系，尤其是粗根，以控制树势。

落叶前一周，叶面喷施 5% 的尿素溶液，提高树体营养水平。

（七）棚（室）幼树快速整形技术

大树移栽建棚，树形宜采用改良纺锤形、小冠疏层形和主干疏层形，修剪方法见第五章，在此不再赘述。

秋季栽植 2 年生苗建棚，宜于定植后，在 1.2 米处定干，抹去剪口下第 2～4 个芽。对粗度超过中心干 1/3 的主枝保留 2～3 厘米进行重短截。

萌芽期，通过刻芽增加枝量，使主枝均匀分布在中心干上。当芽刚刚冒绿时进行刻芽，时间过早或过晚对芽的萌发与生长均不利。刻芽后发出的新梢长度达 10～15 厘米时用牙签开角，缓和枝势。

棚（室）升温 2 周以后，对粗度适宜且长度超过 1 米的主枝不进行剪截，进行拉枝处理。不足 1 米者在枝条的 2/3 处留外芽进行短截。

不论是刻芽后发出的新梢，还是短截后发出的新梢，都要在新梢长度达 80～100 厘米时进行轻摘心，摘除嫩尖，并拉枝。对距地高度在 60～80 厘米处的主枝，拉枝角度均控制在 70°～80°。

中心干剪截后发出的副梢，在长度达 10－15 厘米时用牙签开角。如果副梢长势较强，于 15 厘米左右时保留 1～1.5 厘米进行重摘心。此后，对此部位发出的新梢长 80～100 厘米时亦进行轻摘心，并对其及通过刻芽形成的主枝进行拉枝，拉枝角度控制在 80°～90°。

中心干延长枝长至 100 厘米左右时，在树干高度 1.8～2.0 米处定干。对剪截后发出的副梢的处理同上。但拉枝角度控制在 90°。

此后，当中心干延长枝生长量达到 80～100 厘米即进行短截处理。经过处理的树体，枝量达到 15～20 个，并均匀分布在中心干上。

通过此方法处理，可以在栽植当年完成整形工作。

（八）病虫害防治

病虫害防治要以农业防治为主，化学防治为辅。加强土壤及树体的管理，增强树势，提高树体的抗病抗虫能力；抓住防治关键时期，减少农药使用次数，达到生产优质果品的目的。

重点做好萌芽前的病虫防治工作，杀灭越冬的病虫，降低病源和虫源基数，预防采前病虫害；果实生长发育期不喷或少喷农药，防止农药污染；采收后是病虫害防治的关键时期，中心任务是保护叶片，延长叶片的功能期，防止早期落叶。

1. 防治越冬病虫

（1）刮治桑白蚧　萌芽前，先用钢丝刷将树上的介壳刮碎。操作时要细致，自树体基部枝开始向上，逐枝检查，尤其是芽鳞片上、新梢顶端、树皮粗糙的部位都要认真查找。

（2）喷洒石硫合剂　萌芽前，剪除病虫枝，刮除老翘皮，然后全树喷布 5～7 波美度的石硫合剂，兼杀桑白蚧及在树体上越冬的螨类等其他害虫和各种病原菌。喷药时，将棚（室）的墙体、地面也一并进行施药，减小病虫基数。

2. 预防幼果期病虫害

如果上年病虫发生严重，可以在落花后，喷洒 50% 扑海因可湿性粉剂 1000～1500 倍液，或 70% 丙森锌 400～500 倍液，或 80% 代森锰锌可湿性粉剂 800 倍液，或 50% 多菌灵 1000 倍液，预防花腐病、灰霉病等病害的发生；喷洒 4.5% 高效氯氰菊酯 800 倍液或 70% 吡虫啉 15000 倍液，防治桃蚜和桑白蚧若虫。

空气湿度大的情况下，喷洒 72% 农用硫酸链霉素可溶性粉剂 3000 倍液，防治细菌性穿孔病。

喷药可结合叶面施肥进行，要在上午 10 时以前或下午 3 时以后，禁止高温时作业，以防发生药害。

3. 采后叶片保护

（1）增强树势　采收后及时对树体进行叶面和土壤追肥，补充营养，强壮树势；并合理灌溉，保持土壤墒情稳定，避免干旱现象发生，延缓叶片衰老，增强树体对病虫害的抵抗能力。

及时撤掉棚膜，防止棚内高温及通风不良，降低螨类的发生与蔓延概率。